자연은 계산하지 않는다

# 자연은 계산하지 않는다

*The Serviceberry*

식물학자가 자연에서 찾은
풍요로운 삶의 비밀

로빈 월 키머러 지음   노승영 옮김

다산
초당

나의 좋은 이웃

폴리 드렉슬러와 에드 드렉슬러에게

모든 번영은
상호적이다

**일러두기**

- 본문의 각주는 옮긴이 주입니다.
- 본문에 언급된 책들 가운데 국내에 번역 출간된 책은 한국어판 도서명을 우선으로 표기했습니다.
- 키머러는 인간 예외주의라는 통념에서 벗어나 인간이든 아니든 모든 존재의 사람됨이 똑같이 중요하다는 토착적 사고방식을 나타내기 위해 이름의 첫 글자를 대문자로 썼습니다. 한국어판에서는 첫 글자를 대문자로 쓴 동식물명 뒤에 '님'을 붙였습니다.
- 키머러는 이 책에서 여러 동물을 '사람'이라고 표현합니다. 우리는 '인간 사람'이고, 인간이 아닌 동물은 '인간 아닌 사람'입니다. 이때 '인간'은 호모사피엔스를 가리키고, '사람'은 서로 소통하고 교감하는 모든 존재를 가리킵니다. 모든 존재를 존중하는 언어를 사용할 때, 우리의 관계가 어떻게 변화하는지 느껴보면 좋겠습니다.

풍요가 도착하는 곳에서 풍요를 맞이하라

저녁의 서늘한 숨결이 언덕 숲에서 흘러나와 낮의 열기를 흩뜨리고 새들이 모여든다. 새들도 서늘함을 나만큼 간절히 바란다. 와자지껄한 부름 소리가 웃음소리처럼 들린다. 나도 똑같이 기뻐하며 웃음으로 화답한다. 다들 내 주위에 있다. 애기여새님과 개똥지빠귀님이 있고 파랑새님이 무지갯빛을 번득인다. 나도 새들도 입안에 베리를 머금은 채 행복한 웃음을 터뜨리는 이 순간, 내 동명이인*들에게 더없는 유대감을 느낀다. 덤불은 통통한 베리 송이로 가득하다. 익은 정도에 따라 붉은색도 있고 푸른색도 있고 와인색도 있다. 하도 많아서 한 알 한 알 따지 않고

---

\*   저자의 이름 '로빈Robin'은 '울새'를 뜻한다.

손을 모아 한 움큼 훑어낸다. 들통을 가져와서 다행이다. 벌써부터 무게가 묵직하다. 새들은 뱃속 들통에 베리를 담는다. 이렇게 짐을 많이 싣고서 날 수 있을지 걱정한다.

풍성한 베리는 땅이 베푸는 순수한 선물처럼 느껴진다. 나는 베리를 얻기 위해 일하지도, 돈을 지불하지도, 땀을 흘리지도 않았다. 값어치를 아무리 따져봐도 내가 베리를 얻을 자격이 있다는 계산이 안 나온다. 그런데도 베리는 여기에 있다. 해와 공기와 새와 비와 함께. 멀리서 우뚝한 소나기구름이 몰려든다. 폭풍우가 시작되려나 보다. 천연자원이라고 부를 수도 있고 생태계 서비스라고 부를 수도 있지만 울새님과 나는 이것들이 선물임을 안다. 우리는 입안을 가득 채운 채 감사의 노래를 부른다.

내가 기쁜 것은 이 만남이 뜻밖이기 때문이다. 여기서 베리를 딸 수 있으리라고는 상상도 하지 못했다. 이곳의 토종 서비스베리*Amelanchier arborea**님은 열매가 작고 단단하며 물기가 별로 없다. 오늘 들통에 담은 선물은 서부에 서

---

* 서비스베리의 국명은 솜털채진목이다.

식하며 새스커툰*Amelanchier alnifolia*\*\*님이라고 불린다. 이웃 농부 폴리와 에드가 심었다. 올해가 첫 결실을 맺은 해이며 나만큼 열성적으로 열매를 낸다.

채진목속*Amelanchier*은 새스커툰님, 준베리님, 섀드부시님, 섀드블로님, 슈거플럼님, 사비스님, 서비스베리님 등 여러 이름으로 불린다. 민족식물학자가 말하듯 식물은 이름이 많을수록 문화적으로 중요하다. 이 나무가 사랑받는 이유는 열매와 약효 때문이지만 봄기운이 처음 돌 때 일찍 핀 꽃들이 숲 가장자리를 하얀 거품으로 장식하기 때문이기도 하다. 서비스베리님은 절기 식물로 꼽힐 정도로 계절의 날씨 패턴에 충실하다. 개화는 땅이 녹았다는 신호다. 속설에 따르면 이때쯤 산간 도로의 통행이 가능해져 순회 목사들이 교회에 찾아와 예배를 드린다고 한다. 어부들에게는 섀드*shad*\*\*\*가 상류로 올라가고 있다는 확실한 신호다. 적어도 청어가 산란할 수 있을 만큼 강물이

\*\* 새스커툰의 국명은 오리잎채진목이다.
\*\*\* 청어과에 속하는 몇몇 식용 어류를 가리킨다.

맑고 깨끗하던 시절에는 그랬다.

서비스베리님 같은 절기 식물은 토착민이 철마다 식량을 찾아 거주지를 옮길 시기를 정하는 데 중요하다. 토착민은 자신에게 맞게 땅을 바꾸지 않고 땅에 맞게 자신을 바꾸었다. 철에 맞는 음식을 먹는 행위는 풍요를 받드는 방법이다. 풍요가 도착하는 시간과 장소에서 풍요를 맞이하는 일이기 때문이다. 제품 창고와 대형마트의 세계에서는 원하는 재료를 원하는 때에 얻을 수 있다. 우리는 주어지는 것을 제때 취하는 관습을 따르지 않고 막대한 금전적·생태적 비용을 치르며 식량을 억지로 우리에게 오도록 만들고 있다. 서비스베리님은 억지로 오지 않았으며 탄소발자국을 전혀 남기지 않았다. 그래서 이렇게 맛이 좋은지도 모르겠다. 1년 중 오직 지금만 맛볼 수 있는 덧없는 여름 한 모금이니까. 자연에 피해를 끼치는 뒷맛도 없으니까.

'서비스베리'님의 이름은 '서비스'가 아니라 옛 이름 '소르부스$_{Sorbus}$'에서 왔다('사비스$_{sarvis}$'를 거쳐 '서비스$_{service}$'로 바뀌었다). 서비스를 제공해서 서비스베리님인 것은 아니지만, 서비스베리님은 실제로 수많은 재화와 서비스를 제공한다. 인간뿐 아니라 지구의 여러 다른 주민들이 그 혜택을 입는다. 생물다양성도 떠받친다. 섀드부시님은 사슴님과 말코손바닥사슴님이 좋아하는 먹이고, 갓 태어난 곤충에게 꼭 필요한 이른 꽃가루 공급원이며, 호랑나비님, 총독나비님, 제독나비님, 부전나비님 같은 여러 나비 애벌레의 보금자리다. 베리를 좋아하는 새들도 번식기에 열량을 보충하려고 찾아온다.

인간에게도 서비스베리님의 열량이 필요하다. 토착식단에는 더더욱 중요하다. 서비스베리님은 페미컨의 필수 재료다. 페미컨은 말린 베리를 말린 사슴고기나 들소고기와 함께 곱게 빻아 정제유에 녹여 그대로 굳힌 음식으로, 에너지바의 원조다. 굶주리던 시기에 이 고농축 보존식품은 영양소가 온전히 들어 있고 쉽게 옮길 수 있으며 저장하거나 휴대할 수도 있는 식량이었다. 페미컨은 전통 교역 경제의 일부였다. 지역을 연결하고 대륙을 횡단하는 이 정교한 그물망은 생태계와 문화 곳곳에 필수영양소를 공급했다. 서비스베리님의 잉여 열량은 현지에서

구할 수 없는 재화와 교환이 가능했다.

　서비스베리님은 자라는 곳마다 토착 식단의 일부가 되었다. 내가 속한 포타와토미 네이션*은 오대호 유역 아니시나베** 부족 중 하나다. 전통 축제에서 자주색의 쫀 득쫀득한 서비스베리 절임을 맛보았는데, 그러자 혀의 맛 봉오리가 자극되어 고대 음식에 대한 기억이 되살아났다.

　서비스베리님은 포타와토미어로 '보자크민*Bozakmin*'님 이라고 부른다. 최상급으로서 베리 중에 최고라는 뜻이 다. 한 알을 혀로 음미하니 우리 조상들이 딱 맞는 이름을 지었다는 생각이 든다. 블루베리님 맛이 나는 열매에 사 과님의 묵직한 크기, 은은한 장미 향, 오도독 씹히는 작은 아몬드 맛 씨앗을 두루 갖춘 열매를 상상해 보라. 마트에 서는 결코 찾아볼 수 없는 맛이다. 당신의 몸이 기다리던,

---

*　독립된 국가에 속하면서 대내적으로 한정된 자치권을 가지는 '국가 내 국가' 형태의 자치공화국.

**　오대호 주변에 자리 잡은 북아메리카 원주민 집단. 저자가 속한 포타와 토미족이 아니시나베 부족에서 갈라져 나왔다. 아니시나베 부족의 역 사에 대해서는 『향모를 땋으며』 534~535쪽 참고.

진짜 음식의 맛이 복합적으로 어우러진 야생의 음식이다. 서비스베리님을 먹을 때 나의 미토콘드리아가 행복에 겨워 춤추는 것이 느껴질 정도다.

'보자크민'님이라는 낱말에서 내가 가장 중요하다고 생각하는 부분은 '민'으로, '베리'를 뜻하는 어근이다. 포타와토미어에서는 블루베리(미난Minaan)님, 딸기(오데민Odemin)님, 라즈베리(므스카디스Mskadiismin)님, 사과(미시민Mishiimin)님, 옥수수(만다민Mandamin)님, 줄풀(마노민Mandamin)님에 들어 있다. '민'은 일종의 계시다. '선물'의 어근이기도 하기 때문이다. 좋은 것을 아낌없이 베푸는 식물의 이름을 지을 때 우리는 이 좋은 것이 식물 친척에게서 온 선물임을 안다. 그들의 너그러움, 보살핌, 창조성이 구현된 것임을 안다. 아니시나베어 언어학자 제임스 부켈리치James Vukelich는 이 선물이 "식물이 사람에게 품는 무조건적인 사랑의 표현"이라고 가르친다. 그의 말마따나 식물은 자신이 가진 것을 "성인이든 죄인이든 가리지 않고" 필요로 하는 모든 사람에게 내어준다.

오므린 손에 담긴 이 반짝거리는 보석들을 바라보면

감사가 절로 나온다. 이런 선물을 받았을 때 본능적인 첫 반응은 감사다. 이 감사는 우리의 식물 연장자들에게 흘러들고 빗속으로, 햇볕 속으로 퍼져 나간다. 쓰디쓴 세상에 도무지 있을 법하지 않은 달콤한 열매가 알알이 박힌 덤불에도 스며든다.

아니시나베 세계관에서 선물로 여기는 것은 열매만이 아니다. 물살이에서 땔나무까지 땅이 내어주는 모든 것이 선물이다. 바구니를 만드는 나뭇가지, 약으로 쓰는 뿌리, 우리의 보금자리가 되고 책을 만드는 종이가 되어주는 나무줄기를 비롯하여 우리의 삶을 가능하게 하는 모든 것이 인간을 넘어선 존재들의 생명에서 나온다. 숲에서 직접 수확하든, 상업을 매개로 상점 선반에서 수확하든 이 말은 언제나 참이다. 모든 것은 땅에서 온다. 우리가 이것을 물건이나 천연자원이나 상품이 아니라 선물로 여기면 우리와 자연의 관계가 송두리째 달라진다.

아니시나베 전통 경제에서 땅은 모든 재화와 서비스의 원천이다. 재화와 서비스는 일종의 선물 교환을 통해 분배된다. 삶의 일부를 내어줌으로써 다른 생명을 떠받치는 것이다. 초점은 개인뿐 아니라 사람들 전체의 안녕을 떠받치는 데 있다. 땅의 선물에는 나눔, 존경, 보답, 감사의 책임이 따른다. 당신도 알게 될 것이다.

이런 감사에는 '고맙습니다'라는 공손한 말보다 훨씬 큰 의미가 있다. 무의식적 습관인 '예의'가 아니라 자신이 땅에게 빚지고 있다는 깨우침에서 우러나오는 것이기 때문이다. 발걸음을 멈춘 당신은 자신의 생명이 어머니 대지님의 품 안에서 길러지고 있음을 깨닫는다. 손가락이 베리 즙으로 끈적끈적해진 채로 나의 삶이 다른 존재들의 삶에 기대어 있음을 떠올린다. 그들이 없으면 나는 존재할 수조차 없다.

물은 생명이다. 식량은 생명이다. 흙은 생명이다. 물과 식량과 흙은 광합성과 호흡이라는 한 쌍의 기적을 통해 우리의 생명이 된다. 우리가 살아가는 데 필요한 모든 것이 땅을 통해 흘러든다. 우리가 땅을 어머니 대지님이라고 부르는 것은 공허한 비유가 아니다. 우리 입안의 음식은 영적인 동시에 육체적인 관계 속에서 우리를 연결하는 끈이다. 우리의 몸은 음식을 먹고 우리의 영혼은 소속감에서 양분을 얻는다. 이것이야말로 가장 필수적인 음식이다. 나는 베리를 취할 권리가 없다. 그런데도 베리는 여기에, 나의 들통 안에 선물로 담겨 있다.

내 손가락을 파랗게 물들인 들통 속 준베리님들은 수백 가지 선물 교환을 대표한다. 단풍나무님은 잎을 땅에 내어주었다. 무수한 무척추동물과 미생물은 영양소와 에너지를 교환하여 부식질을 만들어 서비스베리님의 씨앗이 뿌리를 내릴 수 있게 했다. 애기여새님은 서비스베리님의 씨앗을 땅에 떨어뜨렸다. 해, 비, 이른 봄의 파리는 꽃가루받이를 했다. 농부는 어린나무가 자리 잡도록 삽을 놀려 땅을 세심하게 다듬었다. 모두가 선물 교환의 일부이며 모두가 필요한 것을 얻는다.

아니시나베의 친척과 하우데노사우니의 이웃을 비롯한 여러 토착 부족은 '감사의 문화'로 알려진 것을 물려받는다. 이런 삶의 방식은 제의에서나 실생활에서나 땅이 베푼 선물을 인정하고 그에 따르는 책임을 받아들인다. 우리의 가장 오래된 가르침에 따르면 감사를 표하지 않는 것은 선물을 욕보이는 행위이며 심각한 결과가 따른다.

비버님을 너무 많이 잡아 욕보이면 그들은 떠날 것이다. 옥수수님을 허비하면 당신은 굶주릴 것이다.

받은 선물을 헤아리면 풍요의 감각이 생겨난다. 필요한 것을 이미 가지고 있다는 사실을 알게 되기 때문이다. 언제나 더 소비하라고 부추기는 경제에서는 '충분함'을 인식하는 것이 급진적인 행위로 받아들여진다. 자료에 따르면 지구상에는 80억 명을 먹여 살리기에 '충분한' 식량이 있다. 그런데도 사람들은 굶어 죽고 있다. 각자가 자신의 몫보다 훨씬 많이 취하는 대신 충분한 만큼만 취하면 어떻게 될지 상상해 보라.

우리는 부와 안전을 갈망한다. 하지만 이를 얻는 유일한 방법은 자신이 가진 것을 나누는 것이다. 생태심리학자들이 보여주듯 감사의 실천은 과소비에 제동을 건다. 선물의 관점에서 관계를 증진하면 결핍과 부족함의 감각을 줄일 수 있다.* 이런 식으로 충분함의 분위기가 조성되면 더 많은 것을 바라는 굶주림이 가라앉는다. 내어주는

---

\* 원문의 'scarcity'를 문맥에 따라 '결핍'이나 '희소성'으로 번역한다.

이의 너그러움을 존중하여 자신에게 필요한 것만 취하게 된다. 기후 재앙과 생물다양성 상실은 인간이 존중 없이 마구잡이로 자연을 취한 결과다. 감사의 태도를 기르면 이 문제를 해결하는 데 도움이 되지 않을까?

폴리는 내가 이 베리를 알고 있다는 사실에 놀란다. 이 근방 사람들에게는 생소한 종류이기 때문이다. 나는 채집인으로서 애기여새님의 목소리를 곧잘 따라다닌다. 하지만 그들이 남겨두는 양은 실망스럽게도 고작 한 줌이다. 베리를 이곳에서만큼 본 적은 한 번도 없다. 내 친구가 심은 것들이다. 폴리는 서비스베리님이 우리에게 중요한 문화적 식량임을 알고서 들떴다. 내가 기뻐하니 폴리도 으쓱한다.

선물을 받았을 때 우리의 첫 번째 반응이 감사라면 두 번째 반응은 보답이다. 답례로 선물을 주는 것이다. 식물이 베푼 너그러움의 대가로 무엇을 돌려주면 좋을까? 우선 잡초를 뽑거나 물을 주거나 감사의 노래를 바람에 실어 보내는 직접적인 방법으로 선물을 돌려줄 수 있다. 열매를 수정시키는 벌의 서식처를 만들어줄 수도 있다. 간접적 행동을 취할 수도 있다. 지역 토지 신탁에 기부를 하면 선물을 베푸는 존재들의 서식처를 더 많이 지켜낼 수 있다. 토지 이용에 대한 공청회에서 발언할 수도 있고 예술 작품을 제작하여 다른 사람들을 호혜성의 그물망에 초대할 수도 있다. 탄소발자국을 줄이고 건강한 토지의 편에 서서 투표하고 농지 보전을 지지하고 식단을 바꾸고 빨랫감을 햇볕에 넣어 말릴 수도 있다. 지금은 선택 하나하나가 모두 중요하다.

감사와 호혜성은 선물 경제의 화폐다. 여느 화폐와 달리 교환이 이루어질 때마다 양이 불어나고 손에서 손으로 전해지면서 에너지가 집중되는 놀라운 성질이 있다. 진정한 재생가능자원인 셈이다.

인간 경제의 화폐가 어머니 대지님에게서 비롯하는 흐름을 모방한다고 상상할 수 있을까? 선물의 화폐를 상상할 수 있을까?

관계로서의 호혜성에 대해 분명히 해둘 것이 있다. 내가 말하는 호혜성은 의무가 결부된 쌍방 교환이 아니다. 그러므로 상호적 '지불'로 해소될 수 없다. 이런 호혜성은 선물이 멈추지 않고 퍼져 나가도록 한다. 그러면 선물은 축적되어 정체하는 일 없이 계속 움직인다. 베리의 선물처럼 생태계를 넘나든다. 우리 생태학자들은 생태계의 화폐를 생물지구화학의 관점에서 바라본다. 이에 따르면 생명의 물질은 살아 있는 것과 살아 있지 않은 것 사이를 순환한다.

베리는 흡족한 '텅' 소리를 내며 들통에 떨어진다. 들통이 점점 무거워지고 있으니 베리가 무엇으로 이루어졌는지 생각해 보는 게 좋겠다. 서비스베리님에게는 탄소와 질소 같은 기본 물질도 들어 있고 당에 저장된 에너지도 있다. 이 자연 경제를 이해해 우리의 경제에 적용하려면 물질과 에너지가 생태계 어디에 있느냐에 따라 다르게 작용한다는 것을 명심해야 한다.

생명의 필수원소인 탄소나 질소, 인 같은 물질은 생태계 속을 순환하며 끝없이 변화한다. 새스커툰님 속의 탄소를 따라가 보자. 나뭇잎은 대기 중에서 뽑아낸 이산화탄소를 광합성이라는 근사한 메커니즘을 통해 당으로 만들었다. 대기의 선물은 이제 베리 안에 담겼다. 애기여새님이 베리를 와작와작 먹으면 탄소의 일부는 깃털이 되어 꼬리에 노란색 띠를 칠한다. 오후의 햇빛에 띠가 반짝거린다. 땅에 떨어진 깃털은 딱정벌레의 먹이가 되고 딱정벌레는 멧밭쥐님의 먹이가 된다. 멧밭쥐님은 죽어서 흙에 양분을 공급하고 흙은 숲 가장자리에서 갓 발아한 서비스베리님의 어린나무에 양분을 공급한다. 물질은 순환 경제를 이루어 생태계를 돌아다니며 끊임없이 탈바꿈한다. 풍요를 창조하는 것은 재순환이며 호혜성이다.

재순환 과정은 저마다 속도가 다르다. 회전하는 녹조류 세포와 물 사이에서 춤추는 인 분자처럼 쏜살같은 것도 있다. 녹조류는 인을 몸속에 빨아들이고 몇 분 뒤 동물플랑크톤에게 먹힌다. 동물플랑크톤은 무기물을 물속에 배설하는데, 그러면 또 다른 조류가 동물플랑크톤을 덥석 먹어치운다. 더 느리게 진행되는 순환도 있다. 나무줄기에 300년 동안 고정되어 있는 질소처럼 광물질은 오랫동안 저장되기도 하지만 언제나 다시 순환한다. 베리에서 터져 나오는 즙은 지난주에 내린 비이며 벌써 구름으로 돌아가는 중이다. 이 과정은 순환 경제 원리의 본보기다. 이에 따르면 폐기물 같은 건 전혀 존재하지 않는다. 새로 시작하는 물질만이 있을 뿐이다. 풍요의 연료는 물질을 낭비하는 것이 아니라 끊임없이 순환시키는 것이다.

하지만 에너지의 이야기는 사뭇 다르다. 화학물질이 생태계에서 순환할 수 있는 반면에 에너지는 하나의 필연적 방향으로 흐른다. 일시적으로 저장될 수는 있어도 열역학법칙 때문에 늘 이동한다. 서비스베리님의 화학결합에 저장된 태양에너지는 애기여새님의 지저귀는 목소리에 연료를 공급하지만 결국에는 깃털에 감싸인 따뜻한 몸에서 발산하는 열로 흩어진다. 에너지는 결코 완전히 재순환시킬 수 없다. 에너지 전달의 열역학적 비효율성 때문에 언젠가는 고갈된다. 따라서 에너지가 일련의 흐름에 연료를 공급하려면 끊임없이 보충되어야 한다. 우리 집 지붕에는 태양광 전지판이 설치되어 있으며 우리 집은 오로지 태양에너지만 쓴다. 태양이 언제나 생명의 근원으로 숭배받은 것은 놀라운 일이 아니다.

산업 경제에서 흐름의 원천은 '생산'이다. 생산의 토대는 인간의 노동을 통해 땅의 선물을 상품으로 전환하는 것이다. 하지만 생산에는 곧잘 거대한 파괴라는 대가가 따른다. 우리가 사랑하는 것을 경제체제가 앞장서서 파괴한다면 다른 체제를 모색해야 하지 않을까?

몇몇 영향력 있는 여성주의 사상가들은 선물을 주는 행위가 가장 원초적인 인간관계임을 기억하라고 촉구한다. 우리는 제너비브 본Genevieve Vaughan이 '모성 선물 경제'라고 부른 것을 받음으로써 삶을 시작한다. 이것은 어머니에게서 신생아에게로 흐르는 '재화와 서비스'다. 어머니가 아기에게 젖을 먹이면 개별 자아의 경계에 틈이 생기며 공동선만이 유일하게 중요해진다. 모성 선물 경제는 생물학적 명령이다. 여기에는 능력주의도 없고 일용할 양식을 매매하지도 않는다. 어머니는 아기에게 젖을 팔지 않는다. 젖은 생명이 지속될 수 있게 하는 순수한 선물이다. 이 경제의 화폐는 감사의 흐름, 사랑의 흐름이며 말 그대로 생명을 떠받친다.

유추를 통해 어머니 대지님의 가슴에서 나오는 양식을 모성 선물 경제로 이해할 수 있을까? 여성주의 사상가들은 이러한 의미에서의 주고받음이 국가나 시장의 개입

없이 서로를 돌보는 기본적인 방식이라고 주장한다. 미키 캐슈탄Miki Kashtan 같은 학자들은 모성 선물 경제의 철학과 실천이 어떻게 사회구조를 정의롭고 지속 가능한 방향으로 이끌 수 있는지 탐구한다.

자연경제에서 흐름의 원천이 태양이라면 인간 선물 경제에서 선물의 흐름을 끊임없이 보충하는 '태양'은 무엇일까? 아마도 사랑일 것이다.

# 차례

선물은
관계의 방식을 바꾼다

나는 서비스베리 경제에서 나무가 베푸는 선물을 받아들여 주위에 퍼뜨린다. 베리를 접시에 담아 이웃에게 건네면 그들은 파이를 만들어 친구와 나눠 먹는다. 음식과 우정을 풍성하게 대접받은 친구는 자진하여 식품 저장고를 채워준다. 당신도 알 것이다.

이에 반해 시장경제에서 바구니에 담긴 베리를 사면 이 관계는 금전의 교환으로 마무리된다. 신용카드를 건네고 나면 점원이나 상점과 더는 어떤 교환도 이루어지지 않는다. 관계는 종료된다. 나는 이 베리를 소유하며 맘대로 처분할 수 있다. 점원과 기업과 나(손님)는 엄격히 물질적인 거래를 체결했으며, 공동체는 전혀 만들어지지 않는다. 상품이 거래되면 그걸로 끝이다. 길거리에서 점원을 만났는데 그가 당신에게 서비스베리님 파이 요리법을 알려달라고 청했다면 얼마나 괴상하면서도 뜻밖이었겠는가. 선을 넘은 행동처럼 느껴졌을 것이다. 하지만 베리가 선물이었다면 당신은 점원과 대화를 주고받았을 것이다.

　세상에 선물이라는 이름을 붙이면 자신이 호혜성의 그물망 안에 속해 있음을 느끼게 된다. 당신은 행복과 책임감을 느낀다. 무언가를 선물로 인식하면 설령 '그것'의 물리적 구성이 달라지지 않더라도 관계가 심오하게 달라진다. 상점에서 구입한 털모자도 당신을 따뜻하게 해줄 순 있다. 하지만 사랑하는 이모가 손뜨개질해 준 것이라면 '그것'과 전혀 다른 관계를 맺게 된다. 당신은 책임감을 느끼게 되며 당신의 감사는 세상에서 추진력을 발휘한다. 상품으로서의 모자보다는 선물로서의 모자를 더 귀하게 다룰 가능성이 크다. 선물로서의 모자에는 관계가 엮여 있기 때문이다. 이것이 선물 사고방식의 힘이다. 자신이 소비하는 모든 것이 어머니 대지님의 선물임을 받아들이면 자신에게 주어지는 것을 더 소중히 여기게 된다.

크고 이름난 대학교의 천연자원 대학에서 강의를 한 적이 있다. 나는 기회를 놓치지 않고 그 이름에 문제를 제기했다. 어쨌거나 '천연자원'은 우리가 가치를 부여하는 무언가로 전환될 원료를 뜻하니 말이다. 마침 대학은 뽑아낸다는 뉘앙스가 있는 명칭을 변경하기 위한 절차를 진행하고 있었다. 그래서 이렇게 제안했다. "'대지의 선물' 학과로 바꾸는 게 어때요?" 강의실을 채운 행복한 미소를 당신도 봤어야 하는데. 사람들이 간절함을 담아 말했다. "와, 좋아요. 우리도 '대지의 선물' 학과에서 공부하고 싶어요." 물론 그들은 다른 이름을 선택했다. 훗날 동료 하나가 말했다. "근사한 발상이지만, 그랬다가는 벌목을 못 하게 될 거야."

선물을 홀대하면 생태적 피해와 더불어 정서적·윤리적 피해도 발생한다. 이를테면 얼음장 같은 찬물이 솟아나는 샘물을 생각해 보라. 차디찬 생명력에 머리가 어질어질하다. 손을 오므려 물을 마시고 얼굴에도 뿌린 뒤 나중을 대비해 물통에 채운다. 물은 마땅히 이래야 하지 않을까? 자유롭고 순수해야 하지 않나? 당신은 샘물을 마셔본 지 얼마나 되었는지? 샘물은 내게 선물처럼 느껴진다. 저 물의 생명은 나의 생명이 되었고 물이 있음에 대한 나의 기쁨이 되었다. 선물 사고방식이란 물을 마시게 해준 것에 대한 감사의 의미로 샘 바닥에 깔린 나뭇잎을 치운다는 뜻이자 샘물가가 흙탕물이 되지 않도록 조심한다는 뜻이다. 나는 선물을 돌본다. 그래야 계속 받을 수 있으므로.

하지만 오줌을 누거나, 누구의 소유도 아닌 샘물의 물길을 막고 물을 판매하여 샘을 홀대하면 수질이 나빠질 뿐 아니라 정서적 피해도 발생한다. 나는 흙탕물처럼 더러워진 느낌이 들 것이다. 누군가 샘의 소유권을 주장한다고 상상하기만 해도 명치끝이 저릿하다. 하지만 이런 도덕적 감각만으로는 물을 상품으로, 사고팔 수 있는 소유물로 보는 경제에 제동을 걸지 못한다. 물을 소유한다는 생각은 내게 터무니없어 보인다. 하늘에서 내려온 만나*처럼 공짜로 주어진 선물인데 말이다. 만나를 팔면서 영혼이 위험에 빠지지 않을 수 있을까? 그럴 수는 없을 것 같다.

생각은 행동으로 확장된다. 베리나 샘물을 물건으로, 소유물로 본다면 시장경제에서의 상품처럼 착취할 수 있다. 무언가가 선물의 지위에서 상품의 지위로 바뀌면 우리는 상호 책임에서 벗어난다. 우리는 그 분리의 결과가 무엇인지 안다.

그렇다면 왜 우리는 모든 것을 상품화하는 경제체제가 득세하도록 내버려두었을까? 이 체제는 풍요 대신 결핍을 가져오고 공유가 아니라 축적을 부추긴다. 우리는 우리가 사랑하는 것을 앞장서서 해치는 경제체제에 우리의 가치를 넘겨주었다. GDP 같은 경제적 가치 측정법은 시장에서의 금전적 가치, 즉 사고팔 수 있는 것의 가치만 셈한다. 맑은 공기, 탄소격리, 숲을 채운 새들의 노래는 어마어마한 경제적 가치가 있지만 이 방정식에는 들어설 자리가 없다. 수천 년간 한 지역에서만 번성한 나비의 가치는 어떻게 매길까? 아무리 복잡한 공식도 이야기들이 어

---

디서 왔는지 설명하지 못한다. 늙은 숲의 '값어치'가 대지님의 허파로서보다 목재로서 훨씬 크게 매겨진다는 사실에 마음이 쓰라리다. 그럼에도 나는 크게든 작게든 이 경제에 매여 있으며, 이 사회에 만연한 착취의 멍에는 내게도 씌워져 있다. 어떻게 해야 바로잡을 수 있을까? 나만의 궁금증은 아닐 것이다.

# 모든 번영은
# 상호적이다

나는 식물학자이기 때문에 경제와 금융에 대해 아는 것이라고는 한때 꽃의 일부였던 준베리닙 끄트머리의 작고 주름진 '꽃자리'만큼이나 작다. 어떤 사람들이 돈을 탐하는 것처럼 감미로운 새 낱말을 탐하는 독자에게 알려드리자면 영어로는 '캘릭스calyx'(꽃받침)라고 부른다.

나는 베리의 어휘는 유창하게 구사하지만 경제학 어휘는 여전히 서툴다. 그래서 예전에 배운 경제학의 통상적 의미를 되새기면서 내가 이해하는 자연의 선물 경제와 비교해 봐야겠다고 생각했다. 경제학이란 대체 뭘까? 답은 누구에게 묻는지에 따라 천차만별이다. 미국경제학회 웹사이트에서는 이렇게 풀이한다. "희소성에 관한 연구, 즉 사람들이 어떻게 자원을 이용하고 유인에 대응하는지 연구하는 학문이다." 내 사위 데이브는 고등학교에서 경제학을 가르치는데, 그의 학생들이 배우는 첫 번째 원리에 따르면 경제학은 희소성이 결부된 상황에서 내리는 결정에 대한 것이다. 시장에서는 암묵적으로 모든 것이 희소하다고 정의한다. 희소성이 주된 원리일 때 동반되는 사고방식의 토대는 재화와 서비스의 상품화다.

나는 고등학교를 오래전에 졸업했지만 저 사고방식이 아직까지도 이해가 되지 않는다. 그래서 신선한 서비스베리님을 그릇에 가득 담아 친구이자 동료인 밸러리 루재디스Valerie Luzadis를 찾아간다. 밸러리는 땅의 선물에 감사하는 사람이자 교수이며 미국 생태경제학회 회장을 지냈다. 생태경제학은 지구 자연계와 인간의 가치·윤리를 기존 경제이론에 통합하는 신생 분야다. 밸러리는 경제학을 이렇게 정의하고 싶어 한다. "삶을 지탱하고 삶의 질을 향상하기 위해 스스로를 조직화하는 방법이지. 필요한 것을 어떻게 마련할지 궁리하는 방법이야." 나도 이쪽 설명이 더 맘에 든다.

'생태'와 '경제'의 어원은 둘 다 그리스어 '오이코스

oikos'로, '집'이나 '살림'을 뜻한다. 즉 관계의 체제이자 우리를 살아 있게 하는 재화와 서비스다. 우리에게 기본값으로 부여된 시장 경제체제는 결코 유일한 경제모형이 아니다. 인류학자들이 관찰하고 서술한 여러 문화적 틀에서는 '필요한 것을 마련하는 방법'이 전혀 다른 세계관으로 채색되어 있다.

베리가 들통에 콩콩 떨어질 때 나는 이걸로 뭘 할지 생각하고 있었다. 일부는 친구와 이웃에게 나눠 줄 것이고 일부는 2월에 준베리닢 머핀을 만들기 위해 냉장고에 쟁여둘 것이다. 풍요로 무엇을 할지 결정하는 '문제'를 생각하자니 루이스 하이드Lewis Hyde가 이 시대의 필독서『선물』에서 소개한 보고서가 떠오른다. 언어학자 대니얼 에버렛Daniel Everett이 브라질 우림의 수렵채집 부족에게서 배우면서 쓴 글이다.

에버렛은 사냥꾼이 큼지막한 사냥감을 집에 가져온 것을 보았다. 가족이 먹기엔 너무 컸다. 그래서 나머지를 어떻게 저장할 거냐고 물었다. 훈연하거나 건조하는 방법은 잘 알려져 있었기에 저장은 어려운 일이 아니었다. 그런데 사냥꾼은 에버렛의 질문에 어리둥절했다. 고기를 저장한다고? 왜 그래야 하지? 그는 잔치를 벌여 사람들을 불러 모았다. 금세 이웃 가족들이 불가에 모여 앉아 사냥감을 마지막 한 조각까지 먹어치웠다. 에버렛은 이 행동이 진화의 관점에서 생존에 유리하지 않다고 여겼다. 그가 속한 문화의 경제체제에서는 저장하는 게 당연했기 때문이다. 에버렛은 다시 물었다. "숲에서 고기를 구하기가 쉽지 않은데, 왜 스스로를 위해 고기를 저장하지 않나요?" 사냥꾼은 이렇게 대답했다. "고기를 저장한다고요? 왜 그래야 하죠? 형제의 뱃속에 저장한다면 몰라도요."

나는 이 이름 없는 스승에게 커다란 빚을 지고 있다고 느낀다. 선물 경제의 심장이 두근거린다. 선물 경제는 시장경제보다 먼저 등장한 대안이자 '삶을 지탱하기 위해 스스로를 조직화하는' 또 다른 방법이다. 선물 경제에서 부는 다른 사람에게 나눌 수 있을 만큼 가진 상태로 받아들여지며, 풍요를 다루는 방법은 내어주는 것이다. 실제로 지위를 결정하는 것은 얼마나 많이 쌓아두느냐가 아니라 얼마나 많이 베푸느냐다. 선물 경제의 화폐는 관계다.

이 관계는 감사로, 상호의존으로, 계속되는 호혜성의 순환으로 표현된다. 선물 경제는 상호 안녕을 증진하는 공동체의 유대를 길러준다. 선물 경제의 단위는 '나'가 아니라 '우리'다. 모든 번영은 상호적이기 때문이다.

인류학자들은 선물 경제를 '직접적 보상이 명시되지 않는 채로 재화와 서비스가 순환하는 교환 체제'라고 규정한다. 과학자이자 철학자 마셜 살린스Marshall Sahlins는 일반화된 호혜성을 선물 경제의 핵심으로 규정하는데, 호혜성은 작고 긴밀한 공동체에서 가장 효과적으로 작동한다. 가진 사람이 못 가진 사람에게 베풀면 체제에 속한 모두가 자신에게 필요한 것을 가질 수 있다. 이것은 위에서 내려오는 지시가 아니라, '충분함'에 대한 집단적 공정 감각과 대지님의 선물을 나누는 책임감에서 비롯한다.

찰스 아이젠스타인Charles Eisenstein은 『신성한 경제학의 시대』에서 말한다. "선물은 자신보다 큰 무언가, 그럼에도 자신과 별개가 아닌 무언가에 참여한다는 신비로운 깨달음을 굳힌다. 자아의 범위가 확장되어 타인을 포함하게 되면, 합리적 자기 이익 추구라는 자명한 원칙도 변한다."

공동체가 번영하면 모든 일원은 대자연님이 내어주는 똑같은 풍요(또는 부족)를 누린다.

선물 경제에서 통용되는 화폐는 재화와 금전이 아니라 감사와 연결이다. 선물 경제에는 직접적 교환이 아니라 간접적 호혜를 위한 사회적·도덕적 계약 체계가 포함된다. 그렇기에 오늘 당신을 잔치에 초대한 사냥꾼은 훗날 당신이 그득한 그물에서 물고기를 나눠 줄 거라 기대하거나 배를 수선할 때 일손을 요청할 수 있다. 공동체의 번영은 재화의 축적이 아니라 관계의 흐름에서 자라난다.

자연계를 사유재산이 아닌 선물로 이해하면 자신의 것이 아닌 풍요의 축적에는 윤리적 제약이 따른다. 선물은 쌓아두는 것이 아니다. 남들에게 부족해지도록 하면 안 된다. 내어주어 모두에게 충분하도록 해야 한다.

선물 경제는 비공식적 관습에서 고도로 의례화된 절차에 이르기까지 전 세계의 전통 토착 공동체에서 찾아볼 수 있다. 우리 포타와토미 부족의 회합에서는 종종 '베풂giveaway'을 실시한다. 이것은 선물을 주어 관계를 다지는 의례다. 서구에서는 축하받는 사람이 선물을 받으리라

기대하지만 우리의 방식에서는 공식이 역전된다. 오히려 행운이라는 축복을 입은 사람이 선물을 줌으로써 그 축복을 나눈다.

선물 경제의 사례로는 북서부 태평양 연안 부족들의 포틀래치가 유명하다. 선물이 집단 안에서 돌고 돌면서 유대감을 다지고 부를 재분배한다. 전통적 포틀래치는 선물을 주는 축하연으로, 중요한 통과의례를 기념하기 위해 소유물을 듬뿍 너그럽게 나누어준다. 이 의례적 잔치는 선물하는 사람의 부를 드러내고 위신을 세우며 관계의 그물망을 엮는다. 받은 선물은 다음 축하연에서 베풀기도 하는데, 이로써 부를 순환시키고 상호 유대를 다진다. 부를 재분배하는 이 의례는 1800년대 선교사들의 영향 아래 있던 식민지 정부에 의해 금지되었다. 포틀래치는 "축적이라는 문명화된 가치"에 반하는 행위로 간주되었으며 식민지 주민을 동화시키는 데 필수적인 개인 소유와 출세의 관념을 허무는 요소로 치부되었다.

살리시 쿠테나이 연합부족 경제학자 로널드 트로스퍼Ronald Trosper 박사가 『토착경제학: 부족과 그들의 땅을 지탱하는 법*Indigenous Economics: Sustaining Peoples and Their Lands*』에서 말하듯 이러한 관계와 호혜성의 전통 가치는 현대 토착경제학에서도 울려 퍼지고 있다. 인간 세계 및 인간을 넘어선 세계와 좋은 관계를 맺는 것은 안녕을 위한 기본 화폐다. 이 관계적 가치는 목재에서 연어에 이르기까지 부족 경제에 필요한 여러 가지 산물에 대한 현행 협약에 녹아 있다. 땅을 도덕적 책임으로 볼 것인가, 아니면 상품으로 볼 것인가의 문제는 언론에 이따금 등장하는 중요한 논쟁거리다.

트로스퍼는 베어스 이어스 문화유적을 최초의 부족 주도 국가 지정 기념물로 보호하기 위해 미국 정부와 추진한 역사적인 부족 간 협약이 관계 맺기에서 시작되었다고 말한다. 다섯 부족은 공동으로 보유한 땅의 선물을 영구적으로 보호하기 위해 연방정부와의 관계를 증진했다. 식민 정복의 오랜 역사를 치유하려는 중대한 발걸음이었다. 하지만 토착경제학의 이 고무적인 모범 사례는 느닷없이 중단되었다. 도널드 트럼프가 결정을 번복하고 성스러운 땅에 대한 권리를 민간 우라늄 채굴 기업에 넘겼기 때문이다. 이 조치는 트럼프가 재선에 실패한 뒤에야 바로잡혔다.

식민지 화폐와 토착 화폐의 경제적 경쟁은 버펄로에서 끝나지 않았다.

개인적인 축적을 통해 얻는 번영과 공유재 나눔을 통해 얻는 번영이라는 두 가지 경제적 세계관은 미국 식민지 역사의 토대다. 원주민 부족에 대한 강탈과 동화정책의 전체 기획에 담긴 의도는 땅이 속함의 원천이라는 관념을 뿌리 뽑아 땅이 소유의 원천에 불과하다는 관념으로 대체하는 것이었다. 그러려면 안녕의 정의를 공동의 부에서 개인의 부로, 풍요에서 결핍으로 축소해야 했다.

선물 경제를 경험하기 위해 반드시 포틀래치에 참여해야 하는 것은 아니다. 마음을 열고 이름을 붙이면 사방에서 선물 경제를 볼 수 있다.

나누고 베푸는
부의 재분배

8월이 되면 길 아래쪽 오래된 농가에 사는 이웃 샌디는 앞뜰 단풍나무 아래에 카드놀이용 탁자를 내놓는다. 화사한 글라디올러스 줄기가 들어 있는 조림병이 내 눈길을 사로잡는다. 주키니호박이 쌓여 있고 새로 캔 붉은감자도 바구니에 담겨 있다. 팻말에는 '공짜'라고 쓰여 있다. 한 사람이 소비할 수 있는 글라디올러스glad에는 한계가 있기에 샌디는 걸음을 멈추는 모든 사람과 기쁨gladness을 나눈다. 주키니호박에는 또 다른 사연이 있다.

늦여름 더위에 매일같이 호박이 새로 열리면 이곳에서는 남는 것을 보관할 장소를 찾는 게 일이다. 오이만 한 주키니호박은 며칠 만에 야구방망이만큼 커진다. 사람들은 호박을 서로의 우편함에 넣어두거나 주차된 차의 앞자리에 몰래 올려놓는다. 이걸 선물이라고 불러도 될지 모르겠다. 그보다는 은밀한 공간 확보 경쟁에 가까울 것 같다. 하지만 모두가 텃밭이 있고 주키니호박이 골칫거리인 것은 아니다. 샌디는 일터에서 귀가하는 차량이 멈춰 갓 딴 채소 선물을 저녁거리와 식탁 장식용으로 가져가는 것을 보며 흐뭇해한다. 교환의 화폐는 은밀히 주고받는 미소다.

앞뜰 나눔은 우리 마을 길에도 전염된다. 어느 날 오래된 여행용 트레일러가 수확이 막 끝난 건초지에 주차되어 있었다. 전기도 물도 없는 곳이었다. 일주일 뒤 톱질용 모탕* 두 개에 널빤지를 올려 만든 투박한 탁자가 트레일러 앞에 차려졌다. 탁자 위에는 예쁜 양념 선반, 소소한 군용 위장물, 캔버스 천으로 감싼 물통, 배낭, 휴대용 식기 세트가 놓여 있었다. 팻말에는 '공짜'라고 쓰여 있었다.

이것은 경제일까? 나는 그렇다고, 풍요와 나눔의 기쁨을 토대로 한 부의 재분배 체계라고 생각한다. 누군가

---

* 나무를 패거나 자를 때에 받쳐 놓는 나무토막.

말한다. 필요한 양보다 많이 있으니 당신께 드리겠어요. 이런 사소한 행동이 전부 몇 킬로미터의 시골길 위에서 일어나는 것은 우연이 아니다. 나눔은 나눔을 낳고 선물은 돌고 돈다. 길은 얼마든지 있다.

위기의 시기에는 지진의 폐허나 허리케인의 잔해를 뚫고 선물 경제가 솟아오른다. 리베카 솔닛Rebecca Solnit은 충격적인 책 『이 폐허를 응시하라』에서 재앙의 시기에 어떻게 선물 경제가 자발적으로 생겨나는지 묘사한다. 인간이 생존을 위협받으면 연민의 행위가 시장경제보다 우위에 선다. 사람들은 서로에게 대가 없이 내어준다. 모두가 연대감을 갖고 식량과 일손과 담요를 공유하면 소유권의 속박이 사라진다. 통치의 정치체제와 채무의 시장경제가 교란되면 상호부조의 그물망이 생겨난다. 빵집에서 몇 트럭 분량의 빵을 나눠 줬다는 영웅적 이야기가 들린다. 몇 시간 전까지만 해도 이윤을 붙여 판매되고 도둑맞을까 봐 지키던 사유재산인 빵이 힘든 시기엔 선물이 된다. 길모퉁이에서 공유 캠핑용 버너로 따뜻한 수프를 끓여 나눠 준 사람은 포틀래치를 베풀어 위신과 존경을 얻었다. 우리는 나누는 법을 안다. 게다가 나누기를 갈망한다. 선물을 주고받을 때마다 살아 있음을 실감한다.

관건은 재앙이라는 촉매가 필요 없도록 선물 경제의 내재적 능력을 기르는 것이다. 우리는 이웃을 믿어야 한다. 공통의 이해관계가 이기적 충동을 대체한다고 믿어야 한다. 비극은 체제가 제시하는 서사를 믿는 데 있다. 이 서사는 제로섬게임 안에서 서로가 서로를 적대하는 이야기이기 때문이다.

나는 우리가 애덤 스미스의 '합리적 경제인'이라는 개념에 순응하여 행동하리라는 현대 경제이론의 가정이 놀라웠다. 합리적 경제인은 순전한 자기 이익을 추구하여 투자수익을 극대화하려는 탐욕스럽고 고립된 개인으로 묘사된다. 현행 체제는 이 가상의 캐리커처를 뒷받침하도록 설계되어 있기에 이런 인간상을 배출하는 듯하다. 하지만 사람들이 합리적 경제인이라는 가정에서 으레 예측하는 탐욕적인 행동보다 그렇지 않은 행동을 훨씬 많이 한다는 것은 누구나 안다. 그렇다면 우리는 다른 경제적 정체성을 길러내는 체제를 상상할 수 있을까? 서로의 안녕에 함께 투자하는 이웃으로서의 관계를 회복할 수 있을까? 풍성한 경험 증거에서 보듯 우리 인간은 외부의 힘에 강제되지 않으면 사익 못지않게 협력과 너그러움을 지향한다. 우리가 '공감하는 호혜인'에 부합하는 사회적·정치적 환경을 만들었다고 상상해 보라. 그러지 못할 이유가 어디 있나?

내 인생 경험의 토대는 시골의 자연이다. 그래서 시골말고 어느 곳에서 선물 경제가 시장과 공존할 수 있을지 감이 오지 않는다. 대학교에서 강연하게 되면 학생들에게 선물 연결망에 참여하는지, 참여한다면 어떻게 참여하는지 곧잘 묻는다. 무료 나눔, 전자 제품 무료 수리점, 커피숍에 일회용 컵을 대체하는 머그잔 기증, 옷 바꿔 입기, 안 사기 운동, 캠퍼스 무료 상점(동전 한 닢도 주고받지 않고 학생들이 대대로 기숙사 필수품을 물려받는다) 같은 적극적인 활동이 벌어지고 있다. 학생들은 자신의 소비와 폐기가 어떤 악영향을 미치는지에 대해 서로를 교육한다. 유색인 거주지 근처에서 가동 중인 거대 쓰레기 소각장과 관련한 환경정의 문제에 대해 내게 얘기해 준다. 학생들

은 무료 상점을 거치는 모든 물건이 유독한 대기오염물질
이 될 운명을 피한다는 사실에 고무되어 있다. 이 도시는
소아천식 발병률이 높다. 학생들은 무료 상점이 과소비와
폐기의 물결에 작은 파문밖에 일으키지 못할지라도, 이러
한 행동이 플라스틱과 불의를 쌓지 않는 대안을 상상하고
실천하려는 결심의 한 단면임을 안다.

　추정컨대 학생들의 사례 중 상당수는 디지털 세계라
는 전혀 다른 영역에서 이루어지고 있을 것이다. 이것은
놀라운 일이 아니다. 학생들은 선물 경제의 사례로 단박
에 오픈소스 소프트웨어와 위키백과를 거론한다. 그곳에
서는 디지털 플랫폼을 통해 지식이 공짜로 공유된다. 틱
톡과 유튜브 동영상도 거듭거듭 언급된다. "우리가 무언
가를 배울 수 있는 이유는 누군가 시간과 경험을 선물로
내놓아 원하는 모든 사람과 공유하기 때문이에요."

　나의 숲이 학생들에게 낯선 곳이듯 디지털 세계를 탐
구하는 일은 내게 낯선 것이다. 그래서 선물 경제에 대한
동영상을 수집하는 현장 탐사를 벌인다. 그런 동영상은
어디에나 있다. 나는 상호부조 사회, 지역 선물 경제, 대

안 지역화폐, 돈이 오가지 않는 품앗이, 협동 농장, P2P 대출 등의 사례를 접한다. 나는 이 활동들에서 창조성과 더불어 변화를 끌어내려는 열망을 본다.

우리는 현실과 가능성의 긴장 속에서 살아간다. 한편에서는 세상이 어떻게 돌아가야 하는지 보여주는 자연경제의 호혜성을 목격한다. 다른 한편에서는 '자연법칙'의 모든 면면을 깨뜨리는 수탈 자본주의의 결과를 본다. 둘을 비교하면서, 변화를 이끌어내지 못하는 무력함에 절망을 느끼는 이가 나뿐만은 아닐 것이다. 우리는 대안을 조명하면서 용기 있게 말해야 한다. "다른 무언가를, 우리의 가치와 부합하는 무언가를 창조합시다. 공범이 될 필요는 없잖아요."

이 모든 풀뿌리 혁신의 시도는 고무적이다. 이 혁신을 통해 우리는 우리가 사랑하는 것을 파괴하는 경제체제에 저항하고, 우리가 사랑하는 것을 보호하는 새로운 체제를 만들고자 한다. 우리가 쓰는 언어에 문득 애정이 느껴진다. 이 시도들을 '풀뿌리' 운동이라고 부르는 것은 적절해 보인다. 식물의 선물 경제를 모방한 것이니 말이다.

풍요의 문제는 지금 지구를 지배하는 삶의 방식과 그보다 앞선 고대 선물 경제의 극명한 차이를 똑똑히 보여준다. 현실에서 작동하는 선물 경제의 사례는 많다. 대부분은 구성원들이 긴밀한 관계를 맺고 있는 소규모 사회에서 볼 수 있는데, 이런 곳에서는 공동체의 안녕이 성공의 '단위'로 간주되며 '나'의 이익보다 '우리'의 이익이 더 중요시된다. 경제가 너무 커지고 비개인화되어 공동체의 안녕을 북돋우기보다 짓누르고 있는 이 시대에 우리는 경제를 구성하는 재화와 서비스의 교환을 조직하는 다른 방법을 고려해야 할 것이다.

현대사회에서 대부분의 사람은 시장경제에 매여 있는데, 시장경제는 정의상 재화의 생산과 분배가 수요와 공급이라는 '시장의 힘'에 좌우되는 화폐 체제다. 교환은 자발적이며 기업가는 자유롭게 이윤을 추구한다. 시장경제의 토대는 사유재산과 경쟁이다. 경쟁의 대상은 수요와 공급 사이의 간극, 즉 결핍이다. 수요와 공급의 간극이 커질수록 결핍도 커진다. 따라서 재화를 얻는 비용이 상승하고 이윤 증가가 뒤따른다. 시장경제에서 고기는 사유재산이어야 한다. 사냥꾼의 안락을 위해 축적되거나 화폐와 교환되어야 한다. 가장 커다란 지위와 성공의 잣대는 얼마나 가졌느냐와 얼마나 벌었느냐다. 식량 안전을 보장하는 것은 사적 축적이다.

선물 경제는 대지님이 베푸는 풍요로운 선물에서 생겨난다. 누구의 소유도 아니기에 모두에게 나눈다. 나눔은 선의의 관계와 유대를 낳는다. 그러면 이웃은 운이 좋을 때 당신을 잔치에 초대한다. 안전을 보장하려면 호혜성의 유대를 길러야 한다. 마거릿 애트우드Margaret Atwood는 "선물은 건네질 때마다 주는 사람과 받는 사람에게서 새로운 영적 삶을 낳으며 이를 통해 되살아나고 새로워진다"라고 말했다. 고기는 자신의 식품 저장고에 저장할 수도 있고 형제의 뱃속에 저장할 수도 있다. 둘 다 굶주림에 대비하는 방법이지만, 사람들에게 그리고 먹거리를 내어준 땅에 미치는 결과는 전혀 다르다.

각자가 모든 것을
가질 필요는 없다

나의 경제학자 동료들은 우리가 완전한 자유시장경제가 아니라 이른바 '혼합경제'에서 살아간다고 말한다. 기업가의 이윤 추구는 무제한으로 허용되지 않으며 정부의 규제를 받는다. 그리고 이런 집단적 합의는 법률과 정책으로 표현된다. 이런 경제체제에는 사유재산과 공적 재화가 혼합되어 있다. 이런 조건에서 선물 경제를 북돋울 여지가 있을까?

선물 경제는 어디에나 있다. 관심을 기울이고 이름을 붙이기 시작하면 보인다. 친구들은 우리를 저녁 식사에 초대하고 새로 태어난 아기에게 유아차를 물려준다. 내 친구 하나는 끝내주는 라사냐를 만드는데, 혼자 먹기엔 너무 많아서 언제나 나이 지긋한 이웃에게 나눠 준다.

내게 남아도는 것은 책이다. 사람들이 늘 가져다주기 때문이다. 그래서 마지막 장을 넘기면, 때로는 마지막 장을 넘기기도 전에 친구에게 책을 넘겨준다. 당신도 그러길 바란다. 이 단순한 행위가 선물 경제의 핵심이다. 돈은 전혀 오가지 않는다. 어떤 형태로도 보상을 기대하지 않는다. 책은 쓰레기 매립지에 처박히지 않았으며 친구와 나는 유대감과 이야깃거리가 생겼다. 내어줌의 행위는 호혜성의 물꼬를 튼다. 이것은 서비스베리님이 하는 일과 별로 다르지 않다.

종종 선물 경제를 개별적 관계에서 끄집어내어 확장하려면 어떻게 해야 하는가에 대한 질문을 받는다. 내가 할 수 있는 말은 그게 옳은 질문인지 잘 모르겠다는 것뿐이다. 왜 모든 것을 확장해야 하나? 선물의 흐름에 의미가 있는 것은 규모와 맥락이 작기 때문이다. 하지만 선물 경제가 영향력을 발휘하려면 공동체 규모에서 구현되어야 한다. 그런 사례를 하나 생각해 보자.

길 아래쪽 마을은 너무 작아서 공공도서관이 없다. 하지만 교회 바깥 나무 기둥에 밝은색으로 칠한 진열장이 얹혀 있다. 상자는 유리문이 달린 집처럼 생겼다. 선반 두 개는 미스터리소설, 어린이책, 실용서로 빼곡하다. 책은 행인에게서 행인에게로 흐른다. 어떤 의무도 없다. 누군가 섬세하게 나무를 깎아 만든 상자는 공동체에 베푸는 선물이었다. 상자는 책이라는 선물을 끌어들였으며, 책은 독자라는 선물을 끌어들였다. 이 '작은 무료 도서관 Little Free Library' 운동은 전국에 보급되어 책에 대한 사랑을 전파했다. 누구나 읽을 수 있도록 책을 가져다 놓는 선물 경제였다. 책을 친구와 나누고 이웃과 나누는 것에서 한 걸음만 더 나아가면 된다.

이 나눔은 규모가 더 큰 공동체에서 어떻게 작동할까? 공공도서관은 선물 경제가 더 큰 규모에서 시장경제와 공존하는 방법을 보여주는 효과적인 사례다. 물론 시내에는 민간이 운영하는 책방이 있다. 그곳은 종종 의미 있는 공동체 공간이 되기도 한다. 나는 여러 이유로 책방을 사랑하지만 공공도서관의 개념과 실천은 '숭배'한다. 내게 공공도서관은 선물 경제를 도시 규모에서 실천하는 곳이자 공동 소유 개념을 구현한 장소다. 도서관은 선물 경제의 본보기로 책뿐 아니라 음악이나 연장, 씨앗 같은 것들도 자유롭게 나눈다. 각자가 모든 것을 가질 필요는 없다. 도서관에 있는 책은 모두에게 속해 있으며 누구나 무료로 읽을 수 있다(길모퉁이 기둥에 얹힌 작은 무료 도서관보다 책 종류도 훨씬 많다!). 책을 꺼내어 읽고 다시 가져다 놓으면 딴 사람도 그렇게 할 수 있다. 말 그대로 모두를 위한 풍요다. 필요한 것은 도서관 회원증뿐이다. 이것은 공유재를 존중하고 귀하게 대하겠다는 일종의 약속이다.

제도로서의 도서관은 도시민의 생활영역에서 선물 경제와 비슷하다. 하지만 똑같진 않다. 공공선을 위해 비자발적으로 납부한 세금이 쓰이기 때문이다. 하지만 공공의 공적 소유물을 공유하는 체제라면 선물 경제와 비슷하지 않을까 하는 생각이 든다.

도서관, 공원, 산책로, 문화경관을 우리는 공공재로 여기며 '공유자원'이라고 부른다. 이용하는 사람들이 공유하고 돌본다는 뜻이다. 이 일이 가능하려면 남는 소득을 공유재를 위한 세금의 형태로 거둬야 한다. 우리는 세금을 내라고 하면 투덜거리지만 이 법적 의무는 본질적으로 집단적 돌봄에 대한 투자이자 공유재에 대한 투자다. 어떤 나라들은 책과 녹지 이외의 혜택도 공공선을 위해 제공한다. 이 사회민주주의 국가들은 무료 보편 의료, 의무교육, 노인 돌봄, 가족 부양, 지속가능성 투자 등을 실시한다. 미국 경제가 '먹따기 자본주의cutthroat capitalism'라고 불리는 것에 반해 북유럽 경제는 '보듬는 자본주의cuddly capitalism'라고 불린다. 북유럽 국가들은 공공선을 떠받치기 위해 세율을 미국보다 훨씬 높게 유지하고 있지만 행복 지수도 세계에서 가장 높다. 이런 조세제도를 본보기로 삼으면 자본주의의 틀 안에서 선물 경제의 성격을 강화하는 방법을 상상하는 데 도움이 된다.

주키니호박과 꽃의 본보기는 개별적 나눔을 넘어서 조직에도 적용된다. 우리 딸은 자신이 사는 지역을 위한 농업 지도 활동을 이끌고 있다. '마스터 가드너Master Gardener' 회원들은 시범 농장에서 많은 잉여 수확을 거둔다. 사무실 밖에 조성한 아담한 텃밭에서 채소와 꽃을 가꿔 무료로 나눠 주는데, 원하는 만큼 가져가라는 팻말이

세워져 있다. 나눔용 진열장은 여름내 색색의 신선한 식품으로 가득하다. 마지막 서리가 내린 뒤, 감자를 다 캐고 남은 도토리호박을 따고 가장 억센 케일까지 뜯고 나면 팻말 아래 선반이 텅 빈다. 전부 나눠 주었다. 이제 진열장을 겨우내 헛간에 넣어둘 차례다. 그런데 이튿날 텃밭에 갔더니 진열장이 감쪽같이 사라져 있었다! 누군가 통째로 들고 간 것이다. 주민들은 특유의 너그러움을 발휘하여 이것을 노골적인 절도가 아니라 모호한 문장 탓으로 돌렸다. 어쨌거나 팻말에 "무료 나눔"이라고 쓰여 있었으니까!

이것은 선물 경제의 본질적인 문제다. 신뢰를 저버리는 무임승차자가 있으면 제대로 돌아가지 않는다. 이 작은 선물 경제는 너무 많이 가져가는 사람 때문에, 나눔의 규칙을 어기는 사람 때문에 탈선했다.

공유재를 사적 상품으로 둔갑시키는 논리는 개릿 하딘Garrett Hardin이 정립한 '공유지의 비극' 이론에서 찾을 수 있다. 이 개념은 공유자원(이를테면 모든 농부가 양을 자유롭게 먹일 수 있는 목초지)이 이기적 경쟁 때문에 결국

바닥나리라는 것이다. 이 이론에서는 사람들이 '합리적 경제인'으로서 엄격한 자기 이익에 따라 행동한다고 가정한다. 언제나 누군가는 양에게 풀을 지나치게 뜯기거나 수자원을 남용하므로 집단 방목지가 이기심 때문에 아무도 쓸 수 없는 곳이 된다는 이야기다. 따라서 땅을 공동으로 관리하기보다는 사유화해야 한다는 논리가 성립한다. 공동으로 보유한 풍요의 원천을 개인 재산으로 바꿔야 공유지의 비극을 막을 수 있다는 것이다.

이 그럴듯한 개념은 한때 공유하는 선물로 간주되었던 것을 상품화하는 구실로 쓰였다. 하지만 이 개념이 틀렸다면 어떻게 될까? 다른 이야기, 사유화 옹호자들이 지우고 싶어 하는 이야기가 있다면 어떻게 될까?

경제학자 엘리너 오스트럼Elinor Ostrom의 획기적인 연구에 따르면 땅은 공동으로 보유한 자원을 국가개입이나 시장경제 없이도 지탱할 수 있다. 오스트럼의 작업은 오랫동안 받아들여지던 이론에 반기를 들었다. 집단행동과 신뢰, 협력이 공동 보유 자원의 질을 떨어뜨리지 않으면서도 땅과 사람의 상호 안녕으로 이어질 수 있음을 보여준 것이다. 오스트럼 박사는 경제학 통념에 도전한 공로로 노벨경제학상을 받았다. 이런 경제학이라면 식물학자도 사랑할 수 있다!

오스트럼 박사의 연구는 공동체의 토지 관리 체제를 향한 섬세한 관찰에서 자라났다. 식민지 자본가들은 이 체제를 원시적이라고 치부했는데, 사유재산의 축적을 중시하거나 실행하지 않는다는 이유에서였다. 자본주의가 등장하기 전 인류사에는 대체로 사람들이 땅을 풍요의 공통 원천으로 여기는 체제가 있었다. 모두가 땅을 이용할 수 있었으며 자신의 필요를 충족할 수 있었다. 하지만 마구잡이식으로 무한정 소비하지는 않았다. 개인의 행동에서 국가 간의 협약에 이르기까지 여러 규모의 상호 의무도 존재했다.

이를테면 나의 고향인 숲이 우거진 오대호 유역의 토착 네이션들은 공유 영토에 대해 오늘날이라면 '자원 관리 계획'이라고 부를 법한 체제를 고안했다. 식민지 정착이 이루어지기 오래전 하우데노사우니 연맹은 오늘날 뉴욕주와 오대호 아니시나베 네이션이라고 불리는 땅에서

'한 접시와 한 숟가락 조약Dish with One Spoon Treaty'이라는 협정을 맺었다. 이 협정은 두 네이션에 사냥터와 온갖 생필품을 제공하는 땅을 '한 접시'로 간주하는 상호 이해를 명시했다. 어머니 대지님은 우리가 살아가는 데 필요한 모든 것을 이 접시에 담았다. 이것들은 선물로 간주되며, 그렇기에 함께 나눈다. 이 합의에는 여러 네이션이 참여하지만 오로지 '한 숟가락'만 허용된다. 누구는 크고 누구는 작은 숟가락을 쓰면 안 된다. 이것은 나눔을 위한 합의이며 공동의 돌봄 책임이 따른다.

많은 토착 문화에는 개인이 땅에서 수확을 거둘 때 지켜야 할 규칙도 있다. 이 오래된 지침은 '받드는 거둠Honorable Harvest'이라고 불리며 접시가 늘 가득하도록 마구잡이 소비를 제한한다. 나는 이 윤리가 인간님 사람, 사슴님 사람, 곰님 사람, 물살이님 사람, 식물님 사람 사이에서 시간을 초월하여 맺어진 조약의 결과라는 말을 들었다. 우리의 인간 아닌 친척들은 인간의 삶을 떠받치기 위해 자신이 지닌 생명의 선물을 나누는 데 동의했다. 그 대가로 인간님 사람은 절제, 존중, 호혜성의 규칙에 동의했다.

이 윤리가 탄생한 데는 우리의 잘못으로 생태적 피해를 겪은 탓도 있을 것이다. 우리가 다시 교훈을 얻게 되려나?

대지님을 거대한 상품 창고로, 한낱 물건으로 여긴다면 자신의 소유라고 믿는 것을 마음대로 쓸 특권을 주장하게 된다. 소유권을 중시하는 이런 사고방식에서 어떻게 소비하는가는 사실 중요하지 않다. 모든 것이 물건에 불과하며 물건은 전부 우리 것이기 때문이다. 소비에는 어떤 도덕적 제약도 따르지 않는다. 우리가 생태적·영적 고갈의 시대에 살고 있는 것은 이 때문이다.

하지만 땅을 선물로 보는 세계관에서는 선물의 주체가 '무언가'가 아니라 '누군가'이므로 소비에 도덕적 딜레마가 따른다. 우리 인간은 소비해야 한다. 광합성의 선물을 받지 못한 동물이기 때문이다. 하지만 우리는 엄청난 과소비 패턴 때문에 재앙의 문턱에 다다랐다. 대지의 선물을 거저 받는다는 사실을 분명히 인식하면서 소비하는 것은 어떤 모습일까? 겸손한 소비이려나? 우리는 절제와 존중, 존경, 그리고 호혜를 바탕으로 받드는 거둠을 실천할 것을 요청 받는다.

받드는 거둠의 지침은 대개 문자로 기록되지 않으며 일상생활의 소소한 행동을 통해 다져진다. 하지만 나열해본다면 아래와 같을 것이다.

자신을 보살피는 이들의 방식을 알라.
그러면 그들을 보살필 수 있을 것이다.

자신을 소개하라.
생명을 청하러 온 사람으로서 책임을 다하라.

취하기 전에 허락을 구하라.
대답을 받아들이라.

결코 처음 것을 취하지 말라.
결코 마지막 것을 취하지 말라.

필요한 것만 취하라.

주어진 것만 취하라.

결코 절반 이상 취하지 말라.
남들을 위해 일부를 남겨두라.

피해가 최소화되도록 수확하라.

존중하는 마음으로 이용하라.

취한 것을 결코 허비하지 말라.

나누라.

받은 것에 감사하라.

자신이 취한 것의 대가로 선물을 주라.

자신을 떠받치는 이들을 떠받치라.

그러면 대지가 영원하리라.

생명의 기반은

경쟁이 아니라 공생이다

나는 평생 식물에게 여러 문제에 대해 가르침을 구했다. 그래서 재화와 서비스를 창조하고 분배하는 체제에 대해 서비스베리님이 뭐라고 말할지 궁금했다. 그들의 경제체제는 무엇일까? 그들은 풍요와 결핍의 문제에 어떻게 대처할까? 그들은 쌓아두는 쪽으로 진화했을까, 나누는 쪽으로 진화했을까?

생물계를 관찰하고 이를 본보기 삼아 인간 생활 방식의 영감을 찾는 일은 토착과학의 필수 요소다. 이는 우리 말고도 지능을 가진 존재가 있고 그들로부터 배울 점이 있다는 현실을 받아들이는 것이다. 이 고대의 지식 습득 방식은 오늘날 생체모방biomimicry이라는 신생 학문으로 되살아났다. 재닌 베니어스Janine Benyus를 비롯한 사상가들은 어떻게 해야 자연 원리를 거스르지 않고 받아들여 우리의 경제와 사회제도를 새롭게 구상할 수 있을지 연구하면서 혁신을 주도하고 있다.

그러니 새스커툰님에게 물어보자. 3미터 높이의 이 나무는 숲의 경제에서 생산자다. 공짜 원료인 빛, 물, 공기의 선물을 잎, 꽃, 열매로 바꿔낸다. 몸을 만들기 위해 일부 에너지를 당으로 저장하긴 하지만 상당수는 나눠 준다. 봄비와 봄볕의 풍요는 꽃의 형태로 나타나 춥고 비 내릴 때 곤충에게 잔치를 베푼다. 곤충은 꽃가루를 날라 은혜에 보답한다. 새스커툰님에게 식량은 부족하지 않지만 이동은 힘들다. 꽃가루받이 곤충은 이동이라는 선물을 누리지만, 붕붕거리며 돌아다니는 데 필요한 에너지는 귀하다. 그래서 나무와 곤충은 서로에게 이로운 교환 관계를 맺는다.

여름에 가지가 열매로 가득해지면 서비스베리님은 풍요로운 당을 생산한다. 그 에너지를 자신을 위해 쌓아둘까? 아니다. 새들을 잔치에 초대한다. "오세요, 나의 친척들이여, 와서 배를 채우세요"라고 서비스베리님이 말한다. 이것은 어치님, 지빠귀사촌님, 울새님 같은 형제자매의 뱃속에 열매를 저장하는 것 아닐까?

이것이야말로 경제가 아니겠는가? 공동체의 필요를 충족하는 재화와 서비스의 분배 체계니 말이다. 이 경제 체제의 화폐는 에너지와 물질이다. 에너지는 체제 곳곳으로 흘러 다니고 물질은 생산자와 소비자 사이를 순환한다. 이것은 부의 재분배, 즉 재화와 서비스의 교환을 위한 체제다. 구성원들은 저마다 무언가를 풍요롭게 가지게 되면 남들에게 내어준다. 베리의 풍요는 새들에게 전해진다. 새들과 관계를 맺기 위해서가 아니라면 베리가 나무에게 무슨 쓸모가 있겠는가?

사람이나 새나 베리를 너무 많이 먹으면 같은 증상을 겪는다. 자홍색 설사 똥이 울타리 기둥을 뒤덮는다. 물론 이것이야말로 베리의 존재 이유다. 도무지 거부할 수 없고 풍성하기에 우리가 베리를 따듯 새들이 찾아와 포식하고 씨앗을 멀리 널리 퍼뜨리게 된다. 포식에는 또 다른 유익이 있다. 새의 장을 통과하면서 씨앗의 껍질이 녹아 발아가 자극된다. 새들은 서비스베리님에게 서비스를 제공하고 서비스베리님은 그 대가로 새들에게 서비스를 제공한다. 선물로 맺어진 관계는 곤충과 미생물과 뿌리 시스템 사이에서 수많은 관계를 엮는다. 선물은 줄 때마다 늘어난다. 급기야 풍성해지고 달콤해져 돌아와서는 아침에 나를 깨우는 새소리처럼 재잘재잘 흘러나온다. 풍요를 한 곳에 쌓아두었다면, 준베리님이 자신의 이익만 위해 행동했다면 숲은 사라졌을 것이다.

이런 생각을 하다 보니 '무료 나눔' 진열장을 훔친 사람이 떠올랐다. 우리는 그 사건을 실수로, 대수롭지 않은 일로 웃어넘겼다. 하지만 공짜 선물을 사유재산으로 둔갑시키고 개인의 이득을 위해 공동체를 약탈해도 괜찮다는 사고방식은 무엇보다 엄중한 결과를 낳는다. 우리의 좀도둑에게도 이름이 있어야 하니 엑손모빌 최고경영자 이름을 따서 대런이라고 부르자. 우리는 종종 먹따기 자본주의가 '체제'에 미치는 결과를 비난한다. 체제에서 겹겹의 복잡한 상호작용이 이루어지고 있음을 감안하면 이해 못 할 일은 아니지만, 이는 변명거리가 되지 못한다. '체제'를 이끄는 것이 개인임을, 게다가 비교적 소수의 사람들임을 명심하라. 그들에게는 이름이 있고 하느님보다 많은 돈이 있으며 연민은 확실히 별로 없다. 그들은 이사회장에 앉아 단기적 수익을 위해 화석연료를 남용하는 결정을 내리며, 그러는 동안 세계는 불타고 있다. 그들은 과학을 알고 결과를 알지만 생태학살적 사업을 여느 때처럼 밀어붙인다. 이런 행동을 보면 그들에게는 땟말 도둑 대련이나 지구 파괴자 대련과 같은 칭호를 붙여야 마땅하다. 그들은 모두 도둑이다. 우리가 주키니호박을 나눠 주는 동안 우리의 미래를 훔치는 자들이다.

그렇다고 해서 내가 우리의 감미로운 선물 경제의 중요성을 낮잡아 보는 것은 아니다. 오히려 선물 경제는 땅을 토대로 거둘 수 있는 넉넉한 풍요의 상징이다. 한때 좋은 이웃이라고 불리던 요소를 접목하면 된다. 대련 같은 사람보다는 우리 같은 사람이 훨씬 많다. 힘의 불균형이 존재한다.

아름답고 독특한 것을 짓이겨 달러로 만들고 선물을 상품으로 바꾸는 경제에 나 자신이 몸담고 있다는 사실이 개탄스럽다. 우리가 필요하지도 않은 것을 구입하면서 필요한 것을 파괴하는 이유는 달러라는 화폐 때문이다.

서비스베리님은 우리에게 또 다른 모형을 보여준다. 그 모형의 토대는 축적이 아니라 호혜다. 부와 안전은 자족의 환상이 아니라 관계의 단단함에서 생겨난다. 벌과 새 같은 파트너와 선물 관계를 맺지 못하면 서비스베리님은 지구에서 사라질 것이다. 풍요를 쌓아두고 부의 사다리 꼭대기에 머물더라도 파트너와 풍요를 나누지 않으면 멸종의 운명을 면하지 못할 것이다. 쌓아두는 행위는 우리를 구하지 못한다. 대런조차 구하지 못할 것이다. 모든 번영은 상호적이다.

울새님과 애기여새님이 배를 채우는 광경을 보고 있으려니 선물 경제에서는 풍요가 "형제의 뱃속에" 저장된다는 말이 떠오른다. 새들의 공동체가 번영하도록 떠받치는 것은 서비스베리님을 비롯하여 먹이사슬에 속한 모두의 안녕에 꼭 필요하다. 나무처럼 붙박여 있고 오래 사는 존재는 관계가 무너져도 달아날 수 없기 때문에 공동체의 번영이 더욱 중요하다. 번영이 가능하려면 공동체와의 유대를 굳게 다져야 한다.

나는 식물생태학자이기에 밸러리 같은 경제학자가 서비스베리님의 재화와 서비스 분배에서 선물 경제를 보는지 궁금하다. 자연 체제를 경제체제와 비슷하게 이해할 수 있을지 알고 싶다. 일종의 생체모방을 통해 인간 부족에게도 인간을 넘어선 부족에게도 이로운 교환 체제를 설계할 수 있을까?

"그럼!" 밸러리는 마치 이 질문을 오랫동안 기다린 것처럼 말한다. "자연 체제를 경제체제와 유사하게 이해하는 일은 분명 가능해." 다시 말하지만 여기에는 생체모방의 전제가 있다.

생태계를 본뜬 인간 경제를 상상하는 일은 밸러리 같은 생태경제학자의 영역이다. 생태경제학자들은 생태계 원리를 따라 인간과 지구의 장기적 지속가능성을 떠받치면서도 시민의 필요에 부응하는 경제체제를 만들려면 어떻게 해야 할지 묻는다. 밸러리가 말한다. "생태경제학은 신고전파 경제학의 접근법이 모든 사람의 필요를 충족하지 못하고 우리 생명을 떠받치는 생태계를 올바르게 고려하지 않는다는 깨달음에서 탄생했어. 우리는 자신을 생태계 시민으로 이해하기 전에 소비자로 먼저 규정하는 체제를 만들어냈어. 이에 반해 생태경제학의 초점은 인간과 인간이 아닌 생명이 함께 번영할 수 있는 공정하고 지속 가능한 미래를 위한 경제를 만들어내는 데 있지."

여기서 서비스베리님이 우리에게 무엇을 가르쳐줄 수 있을까? 밸러리가 대답한다. "서비스베리님은, 나는 섀드부시님이라고 배웠지만, 생태경제학의 핵심인 상호의존과 공진화의 본보기를 보여줘. 관계와 교환을 이해하는 또 다른 방법을 가르쳐주지. 서비스베리님 경제를 본보기로 삼으면 감사와 호혜의 가치를 경제의 필수적 토대로 확립할 수 있는 가능성이 생겨." 희소성이 아니라 호혜성이다.

전통적 감사의 문화에 참여하는 사람이자 지금 베리로 가득한 들통을 들고 있는 사람으로서 나는 인간의 경제학에서 도무지 이해되지 않는 것이 있었다. 그것은 결핍이 조직원리이며, 우위에 있다는 주장이었다. 식물의 학교에서 배운 사람이자 지금 손가락마다 베리 물이 든 사람으로서 나는 결핍에 그런 중요한 역할을 부여하고 싶지 않다. 선물 경제는 대지의 풍요를 이해하고 감사하는 데서 생겨난다. 나누면 충분해진다는 관념을 바탕으로 하는 풍요 인식은 서로를 떠받치는 경제의 토대다.

밸러리는 생태학자들조차 극심한 경쟁이 성공적인 진화를 좌우하는 주된 힘이라는 가정을 재고하고 있다고 지적한다. 진화생물학자 데이비드 슬론 윌슨David Sloan Wilson 은 개체를 진화의 단위로 간주할 때만 경쟁에 의미가 있음을 알아냈다. 집단 차원으로 초점을 이동하면 생존뿐 아니라 번영에 관해서도 협력이 더 나은 모형이다. 작가 리처드 파워스Richard Powers는 최근 인터뷰에서 이렇게 말했다. "생명체의 모든 차원 하나하나에 공생이 있습니다. 나의 존재를 좌우하는 생명체와 제로섬게임을 벌이며 경쟁할 수는 없죠." 서비스베리님은 오래전부터 알고 있었다. 우리 인간도 따라 배워야 한다. 그럼에도 우리는 여전히 경쟁을 기반 삼아 살아간다.

모든 생명체는 다양한 지점에서 일정한 수준의 결핍을 경험한다. 따라서 빛이나 물이나 토양질소 같은 제한된 자원을 놓고 경쟁이 벌어지리라는 데는 의문의 여지가 없다. 하지만 경쟁이 벌어지는 조건에서는 생태계 수용 능력이 낮아져 개체수가 한계에 도달하기 때문에, 자연선택은 경쟁을 회피할 수 있는 생물을 우대한다. 경쟁을 회피하는 방법은 공급이 달리는 요소를 필요 목록에서 지우는 것이다. 진화는 "네가 원하는 게 충분하지 않으면 다른 것을 원하면 돼"라고 말한다. 결핍을 회피하기 위한 이 전문화는 눈부시게 다양한 생물다양성으로 이어졌다. 각 종은 다름으로써 경쟁을 피한다. 존재 방식의 다양성은 경쟁의 폐해를 막아주는 해독제다.

일부 진화생물학자는 이 관념을 거부하고 서비스베리님의 삶의 방식을 자연선택을 통한 자기 이익 극대화로 규정할지도 모른다. 이것은 시장경제학자의 주장과 일맥상통한다. 오래전부터 생태학과 경제학에서는 성공을 바라는 개인 간의 경쟁을 발전의 원동력으로 여겼다. 과학과 정치학, 경제학이 받아들인 자연계의 은유는 생태적 현실 못지않게 사회적 태도에 관한 것이기도 했다. 하지만 이 접근법에 점점 의문이 제기되고 있다. 상호성과 협력이 진화에서 주된 역할을 하고 생태적 안녕, 특히 변화하는 환경에서의 안녕을 증진한다는 과학적 증거가 쌓이고 있다. 상호성, 즉 호혜적 교환은 나눔을 통해 두 파트너 모두를 위한 풍요를 창출한다.

서비스베리님은 꽃가루받이와 종자 분산을 돕는 땅 위 파트너들과만 연결된 것이 아니다. 균근 균류망을 비롯한 땅속 미생물 공동체와도 관계를 맺어 자원을 교환한다. 공유지의 비극이라는 관점을 주입받은 탓에 우리는 이 균류가 나무에게서 영양소를 '도둑질'한다고 생각했다. 하지만 자세히 들여다보니 영양소는 호혜성의 그물망에서 공짜로 건네지는 듯하다.

희소성, 즉 결핍이 문화적 구성물에 불과하다면, 더 나은 삶의 방식을 가로막는 허구라면 어떻게 될까? 서비스베리님 경제학에서는 결핍이 보이지 않는다. 공유되는 풍요만 보인다. 광합성 산물은 공급이 달리지 않는다. 태양과 공기는 영원히 재생 가능한 자원이기 때문이다. 물론 비가 충분히 내리지 않을 때도 있다. 그러면 관계의 그물망을 따라 결핍의 물결이 퍼져 나간다. 비가 오지 않는 것은 진짜 결핍이다. 여과와 상실을 낳는 물리적 한계이며, 풍요와 마찬가지로 공유된다. 자연의 변동으로 인해 생겨나는 이런 결핍은 나의 근심거리가 아니다.

내가 받아들일 수 없는 것은 만들어진 결핍이다. 자본주의 시장경제가 돌아가려면 결핍이 있어야 한다. 이 체제는 실제로 존재하지 않는 결핍을 만들어내도록 설계되었다. 수십 년 전 고등학교에서 처음 경제학을 접한 뒤로 경제학의 논리에 대해 별로 고민해 본 적이 없었기에 나는 희소성의 원리를 자연적 사실처럼 그저 받아들이고 있었음을 깨달았다.

나는 스스로 이해한 것을 펼쳐 보이려고 애쓴다. 생태학자가 아니라 경제학자처럼 생각해 보려고 노력한다. 돈이 만들어지려면 사고팔 상품이 있어야 한다. 상품이 희소할수록 가격이 높아지고 수익이 커진다. 내가 이해하기로는, 풍성하고 거저 얻을 수 있는 대지의 선물을 상품으로 전환하여 사유화하고 높은 가격을 매겨 희소하게 만들라고 요구하는 것이 시장경제학이다. 미친 짓 같다.

하늘에서 내려준 선물인 순수하고 아름다운 물을 예로 들어 내가 이해한 게 맞는지 검증해 보자. 물 한 잔에 값을 치러야 한다는 건 예전에는 생각할 수 없는 일이었다. 하지만 무분별한 경제 팽창으로 민물이 오염되면서 샘물과 지하수의 사유화가 부추겨지고 있다. 대지님이 거저 내어주는 선물인 단물을 얼굴 없는 기업들이 약탈하여 플라스틱 통에 담아 판다. 이제 많은 사람이 그전에 공짜이던 것을 누리지 못한다. 공공의 물을 오염시켜 사유화된 물의 수요를 창출하는 수법이 짭짤해졌다. 기업이 제조한 생수를 사람들이 사도록 만들려면 오염된 물이 수도꼭지에서 흘러나오게 하는 것보다 좋은 방법이 있을까?

이에 반해 선물 경제의 흔적이 여전히 남아 있는 전 세계 토착 사회에서는 물이 신성시된다. 사람들은 물을 돌보고 계속 흐르게 할 도덕적 책임이 있다. 물은 선물이며 모두와 나눠야 한다. 물을 소유한다는 개념은 생태적·윤리적 조롱이다. 루이스 하이드Lewis Hyde가 말한다. "선물에 시장 가치를 매기면 선물은 망가진다."

우리는 자연적 풍요에서 비롯하는 협력이 아니라 인위적 결핍에서 비롯하는 경쟁을 토대로 하는 경제에 매달리다가 급기야 진짜 결핍을 만들어낼 위험을 마주하고 있다. 이 사실은 식량과 맑은 물, 숨 쉴 수 있는 공기, 기름진 흙이 점점 부족해지는 상황에서 분명해진다. 기후변화는 이 채굴 경제의 산물이다. 우리는 소비적 생활 양식의 필연적 결과를 하릴없이 맞닥뜨리고 있다. 이것은 진짜 결핍이며 시장은 해결책이 될 수 없다.

받은 선물을 남에게 전달해야 한다는 책임에 기초한 선물 경제의 토착 철학은 쌓아두기를 통한 인위적 결핍 창출을 용납하지 않는다. 실제로 포타와토미 문화에 등장하는 '괴물' 윈디고는 너무 많이 취하고 너무 적게 나누는 질병을 앓는다. 인육을 먹는 윈디고는 결코 시장기가 달래지지 않아 온 세상을 활보하며 먹을 것을 찾는다. 윈디고식 사고방식은 '충분함'의 만족을 훌쩍 뛰어넘는 개인적 축적을 부추겨 공동체의 생존을 위험에 빠뜨린다. 화폐 비축을 위해 생명을 집어삼키는 현대판 윈디고에는 따로 이름을 붙여야 한다. '대런'이라고 하면 적당할 것이다.

우리에게는
기쁨과 정의가 있다,
베리도

지평선에 어른거리며 우리를 위협하는 진짜 결핍을 일으키는 것은 고삐 풀린 자본주의다. 지금 벌어지고 있는 채굴과 소비는 우리가 취한 것을 보충할 대지님의 능력을 앞지른다. 점점 팽창하는 성장이라는 불가능한 목표를 세운 경제는 우리를 악몽 같은 시나리오로 이끈다. 경제성장의 가속화를 마치 좋은 소식인 것처럼 칭송하는 경제 보도를 들을 때마다 소름이 끼친다. 대런에게는 단기적으로 좋을지도 모르겠지만 다른 사람들에게는 막다른 골목이다. 경제성장은 멸종의 엔진이다.

서비스베리님과 옛 선물 경제의 본보기를 보고 먹따기 자본주의의 상호 확증 파괴에서 벗어나는 길을 상상하는 글을 쓰느라 골머리를 썩이다, 문득 내게 드리우는 윈디고의 그림자에서 벗어나야겠다는 생각이 들었다. 고맙게도 이웃 폴리가 보낸 문자가 집필의 흐름을 끊어주었다. 폴리는 마치 골짜기 너머에서 나의 심란한 마음을 보고 있었던 것처럼 농장에 와서 베리를 따 가라고 초대했다. 서비스베리였다. 물론 공짜로. 이심전심의 흥분에 책상을 박차고 과수원으로 달려갔다.

폴리 드렉슬러와 에드 드렉슬러는 스프링사이드 농장을 경영한다. 줄지어 선 크리스마스트리용 침엽수 숲과 옥수수밭, 호박밭이 여기서도 보인다. 폴리는 이 과수원을 조성할 때 판매를 염두에 두었다. 지역 소농이기에 소득원이 필요했기 때문이다. 짭짤한 유료 수확 체험을 위한 혁신적인 작물이었다. 하지만 그날 폴리는 농장에 와서 베리를 거저 수확하라며 이웃들을 초대했다. 폴리의 노동과 지출은 거저가 아니다. 밭을 갈고 물을 주고 홍보하는 데는 진짜 돈이 든다. 나무를 기르는 데는 돈이 든다. 에드가 고랑의 풀을 베는 예초기의 휘발유에도 돈이 든다. 서비스베리님은 수지가 안 맞는다.

농장에 와서 이 넘치는 달콤함을 각자의 들통에 채

우라고 우리를 초대하는 것은 투자 수익을 포기하는 행위다. 폴리는 자본주의 시장경제의 규칙을 따르지 않는다. 이윤 극대화를 위해 행동하지 않는다. 얼마나 미국인답지 않은지.

폴리의 베리는 스프레드시트의 '상품' 열에서 '선물'이라고 불리는, 리본으로 장식된 상자로 한순간에 굴러든다. 베리는 조금도 달라지지 않았다. 여전히 촉촉하고 항산화 성분을 가득 품고 있다. 농장도 전혀 달라지지 않았다. 폴리의 농장은 소규모 가족 경영 농장으로, 이른 봄 양 early spring lamb*부터 크리스마스트리에 이르는 다양한 농축산물을 길러 1년 내내 수익을 창출했다. 유일하게 달라진 점은 베리를 따라 온 사람들이 헛간 문에 걸린 커피 깡통에 초록색 종이를 넣어야 하는가의 여부였다.

소규모 자영업자들이 너나없이 허덕이는 이 팬데믹 시국에 왜 이런 결정을 내렸느냐고 폴리에게 물었다. 폴

---

* 늦겨울이나 이른 봄에 나서 7월 1일 이전에 육용으로 팔리는 생후 5~6개월짜리 어린 양.

리가 말했다. "그야 너무 많으니까요. 나누고도 남을 만큼 많아요. 이럴 때 우리는 자신의 삶에서 약간의 친절을 베풀 수 있지요." 서늘한 이른 저녁에 베리를 따러 찾아온 사람들은 사회적 거리 두기를 위해 이랑 끝에 섰다. 물리적으로는 고립되었지만 덤불에서 들통으로, 그리고 입으로 움직이는 손가락의 리듬으로 연결되었다. 폴리가 말했다. "지금은 다들 슬픔에 빠져 있어요. 하지만 베리밭에서는 행복한 목소리만 들려요. 이런 약간의 기쁨을 선사하면 기분이 좋아져요."

폴리는 여기에는 교육효과도 있다고 말한다. 대부분의 사람들은 아직 준베리님을 모른다. 거저 나눠 주는 것은 준베리님을 맛보라는 초대다. 사람들은 준베리님으로 파이와 잼을 만들고 입안 가득 넣어 오물거린다. 이 준베리님은 땅의 선물로 칭송받을 뿐 시장경제의 산물로는 간주되지 않는다. 폴리는 자신의 목표가 준베리님이 누군가의 입에 들어가도록 하는 것뿐이라고 말한다. 나머지는 베리님 몫이다.

폴리는 허투루 살지 않는 사람으로 평판이 자자하다.

그래서 오해의 여지를 없애려고 자신의 설명에 단서를 단다. "실은 이타적인 행위가 아니랍니다. 공동체에 한 투자는 어떻게든 다시 돌아오게 되어 있어요. 서비스베리님을 찾아온 사람들이 어쩌면 해바라기님을 찾아올 수도 있고 블루베리님을 찾아올 수도 있으니까요. 물론 선물이긴 하지만 좋은 홍보 수단이기도 해요. 선물은 관계를 맺어주고, 관계는 늘 좋은 것이잖아요. 서로와의 관계, 농장과의 관계야말로 우리가 이곳에서 생산하는 것이랍니다." 관계의 화폐는 장차 돈으로 발현될 수도 있다. 폴리와 에드도 공과금을 납부해야 하기 때문이다. 공짜 베리는 호박 판매에 일조할지도 모른다. 사람들은 관계를 맺은 장소에 돌아가고 싶어 하기 때문이다. 폴리가 설명했다. "사람들은 자신이 치른 값보다 많은 것을 얻었다고 느껴요. 새로운 먹거리에 대해 배우고 아이들이 건초 더미에 올라가는 광경을 보았죠." 좋은 느낌이야말로 진정한 부가가치다. 무언가에 대해 값을 치르더라도 관계라는 선물이 여전히 결부되어 있다.

선물을 통해 이어지는 호혜성은 고객 확보를 넘어서

계산적이지 않은 관계의 그물망 전체로 확장된다. 폴리와 에드는 선의를 저축하고 있다. 이른바 사회적 자본이다. 폴리가 말한다. "시민으로서 인정받는 것은 언제나 가치 있는 일이에요." 누군가 울타리 문을 열어두어 폴리의 양이 내 정원에 들어왔을 때 선의의 완충 장치가 있으면 짓이겨진 달리아를 눈감아 줄 수도 있다. 폴리가 말한다. "바로 그거예요. 언제나 사물보다 사람을 중시하는 거죠. 농부들이 입에 즐겨 올리는 옛말이 있어요. '농부가 없으면 당신은 헐벗고 굶주리고 정신이 말짱할 것이다.' 하지만 이 말을 농부에게 돌려줄 수도 있어요. '좋은 이웃이 없으면 당신은 외로울 것이다. 그건 더 나쁜 일이다.'"

익은 베리의 내음과 목초지를 노니는 양 떼의 풍경, 건초 더미에 올라가는 아이들에 대한 추억을 소중히 여기게 된 손님이라면 다음번 선거에서 농지 보전에 투표할지도 모른다. 이것은 공짜 베리를 투자하여 얻는 두둑한 수익이다.

나는 선물 경제라는 개념을 귀하게 여긴다. 우리를 짓누르는 체제에서 벗어나야 한다고 생각한다. 이 체제는 모든 것을 상품으로 전락시키고 우리가 진짜로 원하는 것을 빼앗는다. 소속감, 관계, 목적, 아름다움처럼 결코 상품화할 수 없는 것들 말이다. 부가 '나눌 게 많다'라는 의미인 체제의 일원이 되고 싶다. 우리 가족에게 필요한 것을 채우려다 남들에게 피해를 주고 싶지 않다. 무한히 재생 가능한 자원인 감사와 친절이 교환의 화폐인 사회에서 살고 싶다. 이런 화폐는 쓸수록 가치가 낮아지는 게 아니라 나눌 때마다 증가한다.

선물 경제를 연구하는 인류학자들은 탄탄하게 엮인 소규모 공동체가 효과적이라고 말한다. 보다시피 우리는 탄탄하게 엮인 소규모 사회에서 살지 않는다. 지금 우리의 관계는 너그러움과 상호 존중으로 규정되지 않는다. 그래도 할 수 있다. 시장경제 바깥에서 상호의존의 그물망을 만들 수 있다. 이것은 식인 경제에서 빠져나오는 방법인지도 모른다. 상호 자립과 호혜성의 계획 공동체는 미래의 물결이며 그들의 화폐는 나눔이다. 로컬푸드 경제 운동은 신선한 식품, 푸드 마일,* 탄소발자국, 토양유기물에 대한 것만이 아니다. 연결을 위한, 존중을 위한, 주고

받은 선물에서 발생한 호혜성을 위한 깊은 인간적 욕망에 대한 것이기도 하다.

이런 노력으로 충족하려는 진짜 욕구는 우리가 갈망하지만 결코 돈으로는 살 수 없는 것들이다. 유일무이한 선물로서 자신의 가치를 인정받는 것, 훌륭한 성품으로써 이웃들에게 존중받는 것이 중요하지 얼마나 많이 소유했는지는 중요치 않다. 무엇을 베푸는가이지 당신이 무엇을 가졌는가가 아니다.

시장 자본주의가 없어질 거라고는 생각하지 않는다. 시장 자본주의와 그 체제에서 이익을 얻는 얼굴 없는 기관들이 서로 깊이 연루되어 있기 때문이다. 도둑들은 힘이 장사다. 하지만 시장경제와 나란히 작동하는 선물 경제를 길러낼 유인책을 상상하는 일이 불가능하다고는 생각하지 않는다. 어쨌거나 우리가 갈망하는 것은 밥상에서 떨어지는 부스러기, 얼굴 없는 이윤이 아니라 호혜적인

---

\* 농산물 따위가 생산자의 손을 떠나 소비자의 식탁에 오르기까지의 이동 거리.

대면 관계다. 이건 자연적으로 풍성하지만 대규모 경제의 익명성 때문에 희소해진 자원이다. 우리에게는 상황을 바꿀 힘이 있다. 공동체를 허무는 대신 떠받치는 지역적이고 호혜적인 경제를 발전시킬 수 있다.

찰스 아이젠스타인은 『신성한 경제학의 시대』에서 생태계의 경제 시스템에 대해 성찰한다. "자연계에서, 앞뒤 가리지 않는 성장과 필사적인 경쟁은 복잡한 상호의존, 공생, 협력, 자원의 순환을 이루기 전에 나타나는 미숙한 생태계의 특징이다. 따라서 다음 단계의 경제는 우리 모두의 선물을 이끌어내는 경제가 될 것이다. 경쟁보다 협력을 강조하고, 쌓아두기보다 나누기를 장려하고, 선형적이 아니라 순환적인 경제가 될 것이다. 돈이 곧 사라지지는 않겠지만, 좀 더 선물에 가까운 속성을 띤 채 지금보다 축소된 역할을 할 것이다. 경제는 축소되지만 우리의 삶은 더 확대될 것이다."

앞서 소개한 작은 무료 나눔 진열장 이야기에서 무엇이 더 실현 가능성이 있는지 엿볼 수 있다. 물론 진열장은 사라졌다. 누군가 선물을 '사유화', 즉 도둑질함으로써 갓 태어난 선물 경제를 망가뜨린 것이다. 하지만 이듬해 봄, 지역 이글스카우트 단원이 자원하여 새 진열장을 만들어 주었다. 그 단원은 진열장을 여러 개 만들어, 채소를 거저 나눌 수 있도록 동네 곳곳에 설치할 계획이다. 이제 작은 무료 도서관뿐만 아니라 작은 무료 농산물 나눔터도 생길 예정이다. 이글스카우트 단원은 시장경제 모형을 교란하고 대안을 지지해 존경을 얻는다. 텃밭 주인들은 더는 남는 주키니호박을 남의 우편함에 몰래 넣지 않는다. 남는 것은 이웃의 뱃속에 저장하면 되니까.

나는 생태경제학에 대해 더 많이 배웠다. 생태계 서비스, 생체모방, 기후정의 제안, 기후 금융, 그린뉴딜, 에너지 화폐, 비콥B Corps*의 중요성을 알게 되었다. 하지만 배우고 싶어서 배운 건 아니다. 식물학 용어가 경제학자들에게 모호하듯 이 용어들은 내게 모호하다. 재생 경제를 주창하는 선구자들에 대해 알면 알수록, 다른 체제를

---

* 재무적 성과와 사회적 성과를 균형 있게 추구하며 비즈니스로 더 나은 사회를 만들고자 하는 기업에 부여되는 브랜드.

만들기 위해 노력하는 이 뛰어난 사람들과 살아갈 만한 미래를 위해 행동하는 사람들에게 더욱 감사하게 된다.

케이트 레이워스Kate Raworth의 유명한 '도넛 경제학' 모형이 떠오른다. 레이워스는 현대 경제학의 가정에 존재하는 결함을 지적하며, 아래로는 사회정의를 토대로 삼고 위로는 생태적 한계에 의해 제약되는 경제를 제안한다. 그는 번영이 기본적인 신체적 필요의 충족에 그치지 않으며 공동체의식, 상호 부조, 평등 같은 요소를 포함한다고 주장한다. 부는 GDP로 측정하는 것보다 훨씬 커다란 개념이며 시장은 경제적 가치의 유일한 원천이 아니라고 말이다. 레이워스는 정책 입안자들에게 공유지와 녹지, 생물다양성의 가치를 인정하라고 촉구한다. 도넛 경제학 모형에는 가족 돌봄과 자원봉사, 정원 가꾸기 같은 무급 노동의 '생산성'이 포함된다. 번영의 이 요소들은 스프레드시트에는 결코 기재되지 않지만 우리의 안녕에 꼭 필요하다.

마찬가지로 캐서린 콜린스Katherine Collins는 순환 경제를 위한 투자 전략을 공개적으로 제시한다. 콜린스는 신학교 출신으로 재계에 몸담은 특이한 이력이 있으며, 가치에 대한 그의 어휘는 금융의 언어 못지않게 강력하다. 그래서 들어보고 싶었다. 이 사상가들은 서비스베리님이 이미 알고서 처음부터 우리에게 보여주려 한 것에 큰 영향을 받은 듯하다. 단풍나무님과 부들님과 민들레님에게도 배웠을 것이다. 우리는 그들의 지혜를 우리가 만든 방정식으로 발전시켰다. 레이워스 박사가 옥스퍼드대학교 경제학 수업에서 받드는 거둠을 가르친다는 것을 알게 되어 기쁘다. 변화가 다가오고 있다.

기후 재앙이 임박한 지금 우리는 생명에 꼭 필요한 탈탄소 경제로 시급히 돌아서야 한다. 동료 부족원이 쓴 글이 내 생각을 대변한다. "단지 모든 것이 무너지지 않도록 만들기 위해 사람들이 지구가 보충할 수 있는 것보다 많은 자원을 소비해야 한다면, 이제는 새로운 경제가 필요한 때이지 않을까?" 하지만 단단히 뿌리 박은 체제를 새 체제가 어떻게 대체할 수 있을까?

나는 식물학자이기에 들판과 숲의 세계에 가르침이 있다는 걸 안다. 식물 공동체는 늘 바뀌고 대체되면서 '생태천이'*라는 동적 모자이크를 그린다. '원시림'이라는 통념과 반대로 식물 공동체는 끊임없이 변동한다. 새의 눈으로 조망하면 '이어진 숲unbroken forest'은 사실 나이와 경험이 저마다 다른 나무 무리로 이루어진 조각 담요다.

불, 산사태, 범람, 폭풍, 충해, 질병, 인간이 일으킨 재앙은 초록 담요를 예측 불가능한 방식으로 교란한다. 그럼에도 대응은 어느 정도 예측 가능하다. 이전에 숲이던 장소를 없애는 대규모 교란이 발생하면 틈새가 생겨 해가 온전히 들고 흙이 흐트러지고 자원이 남아돈다. 예전 거주자들이 사라졌기 때문이다. 이런 장소는 빽빽하게 모여 빨리 자라는 종이 점령한다. 이 종들은 과도기의 이점을 누리려 한다. 이 개척종은 기회주의자여서, 자원을 소비하고 남들을 내쫓고 광적으로 번식하는 성질이 있다. "나, 나, 나"라고만 외치며 미래와 자신의 친척, 오랜 삶은 도외시한 채 기하급수적 성장에 전력투구한다.

---

\* 일정한 지역의 식물 군락이나, 그 군락을 구성하는 종들이 시간의 흐름에 따라 변천해 가는 현상.

친숙하게 들리지 않는가? 빠르게 생장하는 잡초밭이나 사시나무 군락지가 그런 곳이다. 마치 '오래된 문화'를 식민화하고 내쫓던 대규모 교란 시기에 유로메리컨 Euromerican[*]이 외래종 식물처럼 행동하여 땅을 지배했던 것과 같다. 하지만 이 외래종 식물은 이 속도로 계속 성장하고 자원을 채굴할 수 없음을 알게 된다. 자원이 바닥을 보인다. 과밀한 개체군은 질병의 공격을 받고 성장 또한 경쟁의 제약을 받는다. 실제로는 그들의 행동이 자신의 대체를 부추기는 셈이다. 걷잡을 수 없이 성장하며 영양소를 포획하여 후속자들이 번성할 수 있는 안정적 조건을 조성하기 때문이다. 조금씩 개척종들은 대체되기 시작한다.

그다음에 찾아오는 것들은 개척종과는 달라서, 자원이 제한된 세계에서 느릿느릿 성장한다. 팍팍한 조건 탓에 협력관계가 경쟁 못지않게 유익해진다. 식민주의자의 채굴 관행은 호혜와 보충으로 대체되어야 한다. 그래야만

[*]  유럽인과 미국인을 합친 말.

생존할 수 있다. 새 거주민은 길게 보고 끈기에 투자한다. 앞선 세대가 미숙하게 행동한 반면 이 공동체는 '성숙'하고 지속 가능하다. 착취에서 호혜로, 개별 선에서 공동선으로의 변화는 식민주의적 인간 사회가 거쳐야 하는 변화와 비슷하다. 우리가 미래에도 번영하려면 축적에서 순환으로, 독립에서 상호의존으로, 상처 내기에서 치유하기로 돌아서야 한다.

체제 변화는 어떻게 이루어질까? 우리가 필요로 하고 원하는 공정한 공동체를 향해 어떻게 나아갈 수 있을까? 생태적 대체의 자연적 과정에서는 두 메커니즘이 두드러지게 작용한다. 이를 통해 지금 땅을 지배하고 있으며 너무 커서 변화할 것 같지 않은 복잡계가 대체된다. 천이는 부분적으로 점진적 변화에 의존한다. 생태적 번영에 이롭지 않은 것은 천천히 꾸준히 새 공동체로 대체된다. 하지만 교란도 한몫한다. 새로운 종이 생겨나 꽃피려면 현 상태가 붕괴해야 한다. 대규모 교란은 파괴적이어서 회복이 불가능할 수도 있다. 하지만 규모와 유형이 적당한 교란은 재생과 다양성을 낳는다. 토착민은 토지를 관리할 때

정교하게 조율된 교란을 이용하여 회복 단계가 저마다 다른 살아 있는 모자이크를 만들어냈다. 파열은 간극을 만든다. 새로운 것과 지배하는 것 사이에 틈이 벌어진다. 위압적인 시장경제를 깎아내어 만든 틈새에서 갓 태어난 선물 경제가 자라는 모습을 보고 싶다.

점진적 변화와 창조적 파괴라는 두 가지 수단은 문화적 탈바꿈에도 쓸 수 있다. 우리가 두 수단을 다 썼으면 좋겠다. 지금처럼 급박한 시기에 우리는 노쇠하고 파괴적인 경제 시스템을 쓰러뜨리는 폭풍이 되어야 한다. 그래야 새로운 경제 시스템이 탄생할 수 있다. 옛 생태계와 새 생태계가 만나는 틈새 가장자리('이행대'라고 부르기도 한다)는 생태계를 통틀어 다양성과 생산성이 가장 크다. 이곳은 베리와 새로 가득하다. 새 생태계에도, 옛 생태계에도 살지 않고 가장자리에만 사는 종도 있다. 이곳은 애기여새님의 보금자리이자 서비스베리님의 영토다.

어머니 대지님의 선물을 남용하는 대련의 채굴 자본주의 경제는 대자연님에게 저지르는 범죄다. 나는 도둑질을 법으로 처벌할 수 있다고 믿는다. 우리는 법치를 믿는

지도자를 선출해야 한다. 화석연료를 토대로 굴러가는 경제는 해양을 산성화하고 숲을 파괴하여 대량멸종을 앞당기며, 치명적인 폭염과 전대미문의 고통을 인류에게 야기하고 있다. 애기여새님과 서비스베리님은 위험에 처한 종 목록에서 얼마나 아래쪽에 있을까? 사랑스러운 초록 골짜기의 안녕과 소농들의 생계가 걱정스럽다.

땅은 이미 너무 고요하다. 안녕의 지표에 새소리가 포함된다면 어떨까? 여름 저녁 귀뚜라미님이 목청껏 우는 소리와 이웃들이 도로 맞은편에서 서로를 부르는 소리가 포함된다면?

우리 이웃들의 사례에서 경제 시스템의 모자이크가 생겨날 잠재력이 보인다. 물론 그들도 공과금을 납부해야 하고 시장경제의 일원으로서 행동해야 한다. 하지만 그와 동시에 선물 경제에 참여하고 있기도 하다. 그들은 물건을 팔 때마다 상품화할 수 없는 무언가를 덧붙임으로써 가치를 더한다. 사람들은 땅과 연결된 느낌을 받기 위해 농장에 찾아온다. 상쾌한 가을 공기를 소중히 여기는 동료 인간으로서 농부와 함께 웃고 싶어 한다. 상품으로서의 호박을 사려고 찾아오는 것은 아니다. 어차피 호박은 아무 데서나 살 수 있으니까. 선물 경제는 더 즐겁고 더 만족스러우며 스프링사이드 농장의 준베리닙 팬케이크만큼 영양 만점이다. 주차된 차량에 주키니호박을 몰래 넣어두는 것도 마찬가지다. 오래전부터 나는 더 기뻐하는 사람이 이긴다고 믿었다. 이렇게 하면 우리와 대련의 권력 격차를 없앨 수 있다. 우리에게는 기쁨과 정의가 있다. 베리도.

에드와 폴리는 다른 종류의 베리도 키운다. 특히 한여름에 이웃들을 농장으로 불러 모으는 블루베리 팬케이크가 명물이다. 베리가 들통에 콩콩 떨어지는 동안 나는 베리 따기가 생명 세계와 평생의 동반자관계를 맺는 첫걸음이라는 오래된 믿음을 되새겼다. 나는 그런 일이 일어나는 것을 내 눈으로 본 적이 있다. 내가 다가가면 학생들은 뒤로 물러서서 눈을 희번덕거리며 선물 사고방식에 대한 의심을 드러낸다. 수업을 하기엔 너무 추워서 야생 노루발풀잎을 학생들의 입에 넣어줄 방법이 없다. 하지만 라즈베리 덤불에 가게 되면 학생들이 경계심을 풀리라는 사실을 안다. 가지에 매달린 채 학생들의 손가락과 입을 기다리는 야생 베리를 마주치는 단순한 행위가 내면의 무언가를 다독여 선물의 증거를 보게 한다. 베리 따기가 땅 수호자를 모집하는 데 필요한 치료제라는 생각이 든다.

우리 가족 중에는 한발 더 나아간 사람도 있다. 그들은 도심에 사는데, 그곳에는 아이들에게 잔디밭에 들어오지 말라고 땍땍거리는 괴팍한 노인네가 많다. 그래서 우리 가족은 자신들의 아담한 마당을 베리 텃밭과 꽃밭으로 바꾸고 환영 팻말을 세웠다. 동네 아이들이 찾아와 베리를 따고 꽃다발을 만들어 집에 가져갈 수 있게 했다. '사유지' 마당을 공용 공간으로 바꾼 것이다. 이 선물 경제의 화폐는 관계와 이웃이다. 사람들은 서로의 이름을 안다. 괴팍한 노인네까지도. 공유지의 비극은 공동체의 풍요가 되었다. 이것은 모두가 누릴 수 있는 선물 경제다. 전복적이며 감미롭다.

선물에 보답하는 재생 경제만이 앞으로 나아갈 수 있는 유일한 길이다. 새와 베리와 사람을 위한 상호 번영의 가능성을 보충하려면 대지님의 선물을 나누는 경제 시스템이 필요하다. 가장 오래된 스승인 식물의 가르침을 따라야 한다. 식물은 우리 모두에게 이 경제에 참여하라는 초대장을 보낸다. 우리가 받은 모든 선물의 대가로 인간의 선물을 내어주라고 말한다. 우리는 뭐라고 답해야 할까?

## 선물 경제에 참여하라는 초대장

이 책은 자연의 선물 경제에 대한 것이므로 저자의 선인세는 호혜적 선물로서 기부되어 땅을 보호하고 복원하고 땅과 사람의 관계를 치유하는 데 쓰일 것이다.

호혜적 선물 경제의 정신에 따라 당신도 대지님의 선물에 나름의 방식으로 보답할 방법을 생각해 보기 바란다. 호혜성의 화폐는 크고 작은 돈, 시간, 에너지, 정치 행동, 예술, 과학, 교육, 원예, 공동체 활동, 복원, 돌봄 등 무엇이든 될 수 있다. 지금처럼 급박한 시기에는 무엇이든 필요하다. 사람과 지구를 위해 선물 경제의 일원이 되어주길 바란다.

# 감사의 글

세상에 우리 혼자 하는 일은 아무것도 없다. 생각과 행동으로 이 작은 책이 탄생할 수 있게 해준 많은 사람에게 감사한다. 스프링사이드 농장의 에드 드렉슬러와 폴리 드렉슬러는 근사한 체험 농장을 짓고 사람들을 초대하여 땅의 선물과 좋은 이웃의 선물을 경험하게 했다. 초보적인 경제학 지식을 가진 나와 끈기 있게 경제학에 대해 이야기를 나눈 사위 데이브에게 감사한다. 내 친구 밸러리 루재디스 박사는 늘 통찰력 있는 대화로 큰 도움을 주었다. 딸 라킨은 작은 무료 나눔터 이야기를 들려주었으며 그곳이 복원되길 바란다. 모성 선물 경제의 언어를 내게 소개한 미키 캐슈탠과 매디 루스탤럿, 그리고 그 속에서 살아가는 어머니와 딸들에게 감사한다.

　　이 에세이는《이머전스 매거진》에 처음 발표되었다. 내용을 수록하고 단행본으로 확장하도록 허락해 준 것에 감사한다. 책을 쓸 시간과 공간을 내준 맥아더재단의 지원에도 감사한다. 편집자 크리스 리처즈와 함께 일하는 것은 즐거운 일이었다. 이 얇은 책의 출간을 의뢰해 주어 고맙다. 삽화가 존 버고인John Burgoyne의 멋진 작품에 감사한다. 오서스 언바운드의 크리스티 힐릭스의 보살핌과 지도에 감사한다. 에비타스 크리에이티브의 세라 레빗과 앨런 레인의 클로이 커런스에게도 감사한다.

　　우리 가족과 친구의 사랑, 지원, 영감에 매일같이 감사한다. 그들은 이 삶을 가능하게 해준다. 새와 베리에게 특별히 감사를 보낸다. 치 메그웨치.

# 바침*

모든 것을 가진 대지에게
우리가 줄 수 있는 유일한 것

우리 부족은 카누의 부족이었다. 그들이 우리를 걷게 하기 전에는. 호숫가 주택을 빼앗기고 판잣집과 흙바닥 신세가 되기 전에는. 우리 부족은 원이었다. 뿔뿔이 흩어지기 전에는. 우리 부족은 하루하루에 감사하는 언어를 공유했다. 그들이 우리로 하여금 잊게 하기 전에는. 하지만 우리는 잊지 않았다. 전부 다는.

---

*  이 글은 『향모를 땋으며』 58쪽~65쪽에 수록된 글입니다. '자연에게 무엇을 받을 것인가?'라는 질문에서 나아가 '우리는 자연에게 무엇을 줄 것인가?'라는 질문을 품게 하는 이 글은 토착 선주민으로서 저자의 태도를 잘 드러내며, 그가 어떤 방식으로 자연과의 상호 호혜를 삶 속에 받아들였는지 보여주기에 허가를 얻어 이 책에도 재수록합니다. ― 편집자

어릴 적 여름날 아침이면 바깥채 문소리에 잠을 깼다. 경첩이 끼익 하더니 문이 '텅' 하고 닫히는 소리가 들렸다. 비레오새와 지빠귀의 어렴풋한 노랫소리에, 호수가 찰싹거리는 소리에, 마지막으로 우리 아빠가 콜맨 버너에 기름을 채우려고 펌프질하는 소리에 정신이 들었다. 형제자매들과 침낭에서 기어 나오면 해가 동쪽 호숫가에 우뚝 솟아 호수의 안개를 길고 하얀 고리 모양으로 잡아당겼다. 닳아빠진 알루미늄으로 만든 조그만 4인용 커피포트가 수많은 불의 연기에 그을린 채 이미 쉬쉬 김을 내뿜고 있었다. 우리 가족은 애디론댁 산맥에서 카누 야영을 하며 여름을 보냈는데, 매일 하루가 이렇게 시작되었다.

우리 아빠가 빨간 체크무늬 모직 셔츠 차림으로 바위 꼭대기에 서서 호수를 내려다보던 장면이 아직도 눈에 선하다. 아빠가 버너에서 커피포트를 들어 올리면 아침의 소동이 잠잠해진다. 아무 말 없어도 우리는 집중할 때가 되었음을 안다. 천막 가장자리에 선 아빠의 손에 커피포트가 들려 있다. 접은 냄비 받침으로 뚜껑이 빠지지 않도록 누르고 있다. 아빠가 커피를 땅에 붓는다. 갈색의 굵은 물줄기가 흘러내린다.

커피 줄기는 차가운 아침 공기 속으로 김을 내뿜으며 땅에 떨어지면서 햇빛을 받아 호박색과 갈색과 검은색 줄무늬로 빛난다. 아빠는 얼굴을 아침 해 쪽으로 돌린 채 커피를 따르며 정적을 깨고 말한다. "타하와스Tahawus의 신들께 바칩니다." 커피 줄기는 매끄러운 화강암 위를 흘러 커피만큼 투명한 갈색의 호숫물과 섞인다. 커피가 똑똑 떨어지며 창백한 지의류를 몇 조각 집고 작은 이끼 덩어리를 적시며 물줄기를 따라 물가로 흘러가는 광경을 바라본다. 이끼는 물에 부푼 채 해를 향해 잎을 펼친다. 그러고 나서, 그러고 나서야 아빠는 버너 옆에서 팬케이크를 만드는 엄마와 당신이 마실 커피를 컵에 따른다. 그렇게 북부 숲에서의 매일 아침이 시작된다. '모든 것에 앞서는 말'과 함께.

내가 아는 어떤 가족도 이런 식으로 하루를 시작하지는 않을 것 같았지만, 그 말이 어디서 왔는지 한 번도 묻지 않았으며 아빠도 결코 설명해 주지 않았다. 그 말은 그저 호숫가 삶의 한 부분이었다. 하지만 그 장단을 들으면 맘이 편해졌으며 그 제의는 우리 가족을 하나로 뭉치게 했다. 축문의 뜻은 "우리 왔어요"다. 나는 땅이 우리 말을 듣고 이렇게 혼잣말을 한다고 상상했다. "오, 고맙다고 말할 줄 아는 사람들이 '여기' 있구나."

타하와스는 애디론댁 산맥에서 가장 높은 봉우리인 마시산을 알공킨어로 일컫는 명칭이다. 마시산Mount Marcy 이라는 이름은 윌리엄 L. 마시William L. Marcy 주지사를 기리기 위한 것인데, 정작 그는 한 번도 그 야생의 비탈에 발을 디딘 적이 없었다. '구름을 가르는 자'라는 뜻의 '타하와스'야말로 그 본질에 맞는 진짜 이름이다. 우리 포타와토미 부족에게는 공식 이름과 진짜 이름이 따로 있다. 진짜 이름은 친한 사이에서와 제의에서만 쓴다. 우리 아빠는 타하와스 정상에 여러 번 올라갔기에 이름을 부를 만큼 그곳을 잘 알았다. 여러 번 그 장소에 대해, 앞서간 사람들에 대해 친밀하게 이야기했다. 어떤 장소를 이름으로 부르면 그곳은 황무지에서 고장으로 바뀐다. 내가 사랑하는 이 장소가 내 진짜 이름도 알고 있다는(심지어 내가 몰라도) 상상을 했다.

이따금 우리 아빠는 포크트 호수나 사우스 못이나 브랜디 개울에 하룻밤 묵을 천막을 치면 그곳 신들의 이름을 불렀다. 나는 모든 장소에 정령이 깃들어 있으며 우리가 도착하기 전, 우리가 떠나기 오래전에 그곳이 다른 존재의 보금자리였음을 알게 되었다. 아빠는 신들의 이름을 부르고 첫 커피를 선물로 드리면서 우리가 다른 존재에게 빚진 것을 존중하는 법과 여름날 아침에 대한 감사를 표현하는 법을 우리에게 조용히 가르쳤다.

나는 오래전에 우리 부족도 아침 노래와 기도와 성스러운 담배를 바치며 감사드렸음을 알게 되었다. 하지만 그 시절 우리 가족에게는 성스러운 담배가 없었으며 우리는 노래도 몰랐다. 우리 할아버지가 기숙학교 문간에서 빼앗겼다. 하지만 역사는 돌고 돌며 다음 세대인 우리는 아비새로 가득한 우리 조상의 호수로, 카누로 돌아왔다.

우리 엄마에게는 존중의 실용적인 제의가 하나 더 있었는데, 그것은 존경과 목적을 행위로 번역하는 것이었다. 엄마는 우리가 카누를 저어 야영장을 떠나기 전에 주변을 샅샅이 치우도록 했다. 타고 남은 성냥개비나 종잇

조각 하나도 엄마의 눈길을 피하지 못했다. 엄마는 이렇게 당부했다. "올 때보다 갈 때 더 좋은 곳이 되게 하렴." 우리는 그렇게 했다. 또한 다음 사람이 불을 피울 수 있도록 땔나무를 남겨두어야 했으며 부싯깃과 불쏘시개가 비에 젖지 않도록 자작나무 껍질로 조심스럽게 덮어야 했다. 우리 뒤에 카누를 타러 온 사람들이 어두워진 뒤에 도착하여 저녁 식사를 데울 연료가 준비되어 있는 것을 보고 기뻐할 것을 상상하면 기분이 좋았다. 우리 엄마의 제의는 우리를 그들과도 연결했다.

바침은 한데露地에서만 이루어졌으며 우리가 사는 마을에서는 한 번도 벌어지지 않았다. 일요일에 다른 아이들이 교회에 갈 때 우리 부모님은 우리를 강에 데리고 가서 왜가리와 사향뒤쥐를 찾게 하거나 숲에 데리고 가서 봄꽃을 보여주거나 함께 소풍을 갔다. 물론 축문도 함께. 겨울 소풍 때는 설피를 신고 오전 내내 걸어가 물갈퀴 발로 눈을 동그랗게 다지고 한가운데에 불을 피웠다. 이번에는 냄비가 보글보글 끓는 토마토수프로 가득했으며 첫 모금은 눈에게 바쳤다. "타하와스의 신들께 바칩니다."

그런 뒤에야 장갑 낀 손으로 김이 모락모락 나는 컵을 감쌀 수 있었다.

그러나 청소년기가 되면서 나는 바침에 화가 나거나 슬퍼졌다. 우리에게 소속감을 선사하던 원은 안팎이 뒤집혔다. 축문을 들으며 나는 우리가 유배지의 언어를 말하는 탓에 소속되어 있지 않음을 실감했다. 우리의 제의는 짝퉁 제의였다. 어딘가에 올바른 제의를 아는 사람들이 있다고 했다. 그들은 잃어버린 언어를 알았으며 진짜 이름을(내 이름을 비롯하여) 말했다.

그럼에도 매일 아침 나는 커피가 마치 스스로에게 돌아가듯 포슬포슬한 갈색 부식토에 스며드는 광경을 바라보았다. 바위 아래로 흘러내리는 커피의 물줄기가 이끼의 잎을 벌렸듯 제의는 움직이지 않는 것에 다시 생명을 불어넣었으며 내가 알았으나 잊어버린 것에 나의 마음과 심장을 열었다. 축문과 커피는 이 숲과 호수가 선물임을 일깨웠다. 크든 작든 제의는 세상에서 깨어 살아가는 방법에 집중하도록 하는 힘이 있다. 보이는 것은 보이지 않는 것이 되어 흙과 하나가 되었다. 그것이 짝퉁 제의였을지도 모르지만, 혼란 속에서도 대지가 마치 올바른 제의에서처럼 커피를 마시고 있다는 생각이 들었다. 땅은 나를 안다. 내가 길을 잃었을 때에도.

부족의 이야기는 물살에 휩쓸린 카누처럼 우리가 시작된 곳으로 가까이 더 가까이 이끌린다. 내가 자라면서 우리 가족은 역사에 의해 해어진, 하지만 결코 끊어지지 않은 부족적 연결을 다시 발견했다. 우리의 진짜 이름을 아는 사람들을 발견했다. 오클라호마의 해맞이 오두막에서 동서남북으로 감사의 말을 보내는 소리(성스러운 담배의 옛 언어로 된 바침)를 처음 들었을 때 그것은 마치 우리 아빠 목소리 같았다. 언어는 달랐지만 심장은 같았다.우리 제의는 고독한 제의였지만, 조상들과 마찬가지로 땅과의 유대에서 자양분을 얻었으며 존중과 감사를 토대로 삼았다. 이제 우리를 둘러싼 원이 더 커졌다. 우리는 이 원에 둘러싸인 부족 전체에 다시 속하게 되었다. 하지만 축문은 여전히 "우리 왔어요"라고 말한다. 축문이 끝나면 땅이 이렇게 중얼거리는 소리가 여전히 들린다. "오, 고맙다고 말할 줄 아는 사람들이 '여기' 있구나." 이제 우리 아빠는 기도문을 우리 언어로 읊을 수 있다. 하지만 내게 처음 찾아온 것은 '타하와스의 신들께 바칩니다'였다. 내가 늘 듣게 될 목소리로.

나는 옛 제의를 경험하면서 비로소 우리의 커피 제물이 짝퉁이 아니라 우리의 것임을 깨달았다.

나의 존재와 행위는 대부분 우리 아빠가 호숫가에서 행한 바침으로 감싸여 있다. 지금도 '타하와스의 신들께 바칩니다'라는 감사의 말로 하루하루를 시작한다. 생태학자, 작가, 엄마, 과학 지식과 토박이 지식을 넘나드는 여행자로서의 내 임무는 이 축문의 힘에서 자라난다. 이 축문은 우리가 누구인지 떠올리게 한다. 우리가 받은 선물과 이 선물에 대한 우리의 책임을 떠올리게 한다. 제의는 속함의 매체다. 우리가 가족에게, 부족에게, 땅에 속해 있음을 일깨워 주는.

마침내 타하와스의 신들에게 바치는 제물의 의미를 이해했다는 생각이 들었다. 내게 그것은 잊히지 않은, 역사가 빼앗지 못한 '단 하나'의 것이었다. 그것은 우리가 땅에 속했다는 사실을, 우리가 감사하는 법을 아는 부족이라는 사실을 아는 것이었다. 그 얇은 땅과 호수와 정령이 우리를 위해 간직한 핏속 깊숙한 기억에서 솟아올랐다. 여러 해가 지나 나 스스로 답을 찾았다고 생각했을 때 아빠에게 물었다. "그 제의는 어디서 왔어요? 할아버지에게 배우셨나요? 할아버지는 증조할아버지에게 배우신 거고요? 그렇게 해서 카누의 시대까지 거슬러 올라가나요?"

아빠는 한참 생각에 잠기더니 이렇게 대답했다. "아니, 그렇진 않은 것 같구나. 그냥 그렇게 했어. 그게 옳은 것 같았단다." 그게 전부였다.

하지만 몇 주가 지나 다시 얘길 꺼냈을 때 아빠는 이렇게 말했다. "커피에 대해, 어떻게 해서 커피를 땅에 쏟기 시작했는지에 대해 생각해 봤다. 알다시피 원두를 넣고 끓인 커피였잖니. 필터가 없어서 너무 팔팔 끓이면 바닥에 가루가 엉겨 주둥이가 막힌단다. 그래서 첫 잔을 엉긴 가루와 함께 부어서 버리는 거야. 처음에는 주둥이를 뚫으려고 그렇게 한 것 같구나." 마치 물이 포도주로 바뀐 게 아니었다는 얘길 들은 심정이었다. 그 모든 감사의 그물망, 그 모든 기억의 이야기가 땅에 오물을 버리는 것에 지나지 않았단 말인가?

아빠가 말했다. "그건 그렇고 늘 주둥이가 막힌 건 아니었단다. 시작은 그런 식이었지만 뭔가 다른 게 됐어. 생각이랄까. 그건 일종의 존중, 일종의 감사였단다. 아름다운 여름날 아침에라면 기쁨이라고 불러도 좋겠구나."

그것이야말로 제의의 힘이라고 생각한다. 세속적인 것을 성스러운 것과 맺어주는 것. 물은 포도주가 되고 커피는 기도가 된다. 물질과 정신은 커피 가루와 부식토처럼 섞여 마치 커피잔에서 아침 안개 속으로 피어오르는 김처럼 변화된다.

그것 말고 대지에게 무엇을 바칠 수 있겠는가? 모든 것을 가진 대지에게. 여러분 자신의 무언가 말고 무엇을 줄 수 있겠는가? 우리가 바칠 수 있는 것은 손수 만든 제의, 보금자리를 만드는 제의뿐이다.

## 희소성에서 호혜성으로

이 책은 『향모를 땋으며』, 『이끼와 함께』를 쓴 미국의 식물생태학자 로빈 월 키머러의 신작이다. 『향모를 땋으며』를 읽은 사람이라면 알겠지만 키머러는 딸기를 무척 좋아한다. "어떤 면에서 나는 딸기가 키웠다"라고 말할 정도이니까. 딸기뿐 아니라 베리도 좋아한다. 맛있어서 좋아하는 것만은 아니다. '베풂'은 포타와토미어로 '미니데와크'다. '민'은 '선물'(또는 '베리'), '데'는 '심장'을 뜻한다. 그렇기에 베풂은 심장으로부터 주는 행위이며 베풂의 근원은 자연이 인간을 비롯한 뭇 동물에게 선사하는 베리다. 베리는 선물의 의미를 일깨운다.

　『향모를 땋으며』에 따르면 오논다가 네이션에 있는 학교에서는 한 주일을 시작할 때와 마무리할 때 국기에 대한 맹세가 아니라 감사 연설을 한다고 한다. '모든 것에 앞서는 말'이라고 불리는 이 감사 연설에도 베리가 들어 있다.

주위를 둘러보면 베리가 아직도 이곳에서 맛있는 음식이 되어줌을 봅니다. 베리의 우두머리는 봄에 가장 먼저 익는 딸기입니다. 베리가 세상에서 우리 곁에 있는 것에 감사하는 데 동의하고 베리들에게 감사와 사랑과 존경을 드릴 수 있겠습니까? 이제 우리의 마음은 하나입니다(『향모를 땋으며』 166쪽).

그런데 『향모를 땋으며』 어디에도 서비스베리는 나오지 않는다. 이 책에서도 "대부분의 사람들은 아직 준베리님(서비스베리의 다른 이름)을 모른다"라고 언급한다. 토종 서비스베리(솜털채진목)는 열매가 작고 단단하며 물기가 별로 없다고 한다. 딸기, 블루베리, 라즈베리 같은 새콤달콤한 베리보다는 싱거울 듯하다. 요즘 아이들이 오디나 버찌가 과일인 줄 모르는 것과 비슷하지 않을까. 이런 서비스베리가 이 책의 주인공이 된 이유는 이웃 주민 폴리 드렉슬러와 에드 드렉슬러의 베풂 덕분이기도 하고 이름 덕분이기도 하다. 책을 읽으면 금방 알 수 있을 것이다.

여러 면에서 서비스베리는 키머러가 하고 싶어 하는 이야기와 연결된다. 『향모를 땋으며』의 이야기 드림이 토박이 지식, 과학 지식, 키머러의 삶 이야기라는 세 가닥으로 이루어졌다면 『자연은 계산하지 않는다』는 그중에서 선물 경제에 대한 부분에 주목한다. 『향모를 땋으며』에서 중요하게 언급하는 루이스 하이드의 『선물』을 실생활에 빗대어 풀어 쓴 책이라고나 할까. 『자연은 계산하지 않는다』에서는 제너비브 본의 '모성 선물 경제' 개념, "희소성에 관한 연구"가 아니라 "필요한 것을 마련하는 법"이라는 경제학의 새로운 정의, 엘리너 오스트럼이 제시하는 공유지의 비극에 대한 해법, 케이트 레이워스의 '도넛 경제학' 모형 등을 소개하면서 모든 것을 상품으로 여기는 결핍의 경제학에서 벗어나 모든 것을 선물로 여기는 풍요의 경제학을 받아들이라고 촉구한다.

물론 키머러는 뛰어난 이야기꾼답게 이 모든 개념을 학술적으로 설명하지 않고 일상의 경험을 계기로 풀어낸다. 이웃 샌디의 농작물 무료 나눔, 집처럼 생긴 나무 상자에 책을 넣어두어 누구나 읽을 수 있게 하는 '작은 무료 도서관' 운동, 드렉슬러 농장의 서비스베리 공짜 수확 행사를 보면 선물 경제가 우리 곁에 얼마나 가까이 있는지 실감하게 된다. 어쩌면 비슷한 시도를 직접 해보고 싶어질지도 모르겠다.

　　이 책에서는 동식물 이름에 '님'을 붙인다. 『향모를 땋으며』를 읽은 독자라면 이 표현이 친숙하겠지만 키머러의 책을 처음 읽는 독자는 『향모를 땋으며』 5~6쪽 '식물명 처리에 대한 설명'과 79~96쪽 '유정성의 문법'을 참고하기 바란다. 이 책에서 여러 동물을 '사람'으로 표현하는 것도 의아할 것이다. 예전에 '동물'이라고 부르던 대상을 요즘은 '인간 아닌 동물' 또는 '비인간 동물'이라고 부르는데, 이것은 인간도 동물의 하나라는 깨달음이 퍼진 결과다. 그런데 인간을 동물에 포함하는 게 아니라 동물을 인간에 포함하면 어떨까? 그러면 우리는 '인간 사람'

이 되고 '인간 아닌 동물'은 '인간 아닌 사람'이 된다. 그
렇다면 '인간'은 호모 사피엔스를 가리키고 '사람'은 서
로 소통하고 교감하는 모든 존재를 가리키게 된다. 호칭
은 관계를 표현하는 방법이다. 뭇 생명을 사람으로 대하
면 그들과의 관계가 어떻게 달라지겠는가.

"봄인데 매화가 피지 않아서 걱정이다"라는 말은 모
순이다. 매화가 피지 않으면 봄이 아니기 때문이다. 봄은
매화의 개화로서만 존재한다. 서비스베리는 절기 식물로
서 서비스베리 꽃이 피었다는 것은 땅이 녹았다는 신호
다. 부디 이 자연의 리듬이 끊기지 않길. 선물 같은 봄을
다시 맞이할 수 있길.

# 참고 문헌

루이스 하이드, 전병근 옮김,『선물』, 유유, 2022.

찰스 아이젠스타인, 정준형 옮김,『신성한 경제학의 시대』, 김영사, 2015.

Ronald L. Trosper, *Indigenous Economics*, University of Arizona Press, 2022.

리베카 솔닛, 정해영 옮김,『이 폐허를 응시하라』, 펜타그램, 2012.

로빈 월 키머러, 노승영 옮김,『향모를 땋으며』, 에이도스, 2020.

**옮긴이**    노승영

서울대학교 영어영문학과를 졸업하고 서울대학교 대학원 인지
과학 협동과정을 수료했다. 컴퓨터 회사에서 번역 프로그램을
만들었고 환경 단체에서 일했다. "내가 깨끗해질수록 지구가 더
러워진다"라고 생각한다. 《번역가 모모 씨의 일일》(공저)을 썼
으며, 《약속의 땅》《세계숲》《오늘의 법칙》《향모를 땋으며》《스
토리텔링 애니멀》 등의 책을 우리말로 옮겼다. 2017년 《말레이
제도》로 제35회 한국과학기술도서상 번역상을, 2024년 《세상
모든 것의 물질》로 제65회 한국출판문화상 번역상을 받았다.


**삽화가**    존 버고인 *John Brugoyne*

뉴욕 삽화가협회 회원이며 매사추세츠 미술대학을 졸업했다.
미국과 유럽에서 삽화가협회, 커뮤니케이션 아츠, 해치 상, 그
래피스, 프린트, 원 쇼, 뉴욕 아트 디렉터스 클럽, 클리오 등에
서 100여 개의 상을 수상했다. JohnTBurgoyneIllustration.com
에서 작품을 볼 수 있다.

식물학자가 자연에서 찾은 풍요로운 삶의 비밀

# 자연은 계산하지 않는다

**초판 1쇄 인쇄** 2025년 5월 14일
**초판 1쇄 발행** 2025년 5월 27일

**지은이** 로빈 월 키머러
**옮긴이** 노승영

**펴낸이** 김선식
**부사장** 김은영
**콘텐츠사업본부장** 임보윤
**책임편집** 임지원 **책임마케터** 지석배
**콘텐츠사업8팀장** 전두현 **콘텐츠사업8팀** 김민경, 장종철, 임지원
**마케팅2팀** 이고은, 양지환, 지석배
**미디어홍보본부장** 정명찬
**브랜드홍보팀** 오수미, 서가을, 김은지, 이소영, 박장미, 박주현
**채널홍보팀** 김민정, 정세림, 고나연, 변승주, 홍수경
**영상홍보팀** 이수인, 염아라, 김혜원, 이지연
**편집관리팀** 조세현, 김호주, 백설희 **저작권팀** 성민경, 이슬, 윤제희
**재무관리팀** 하미선, 임혜정, 이슬기, 김주영, 오지수
**인사총무팀** 강미숙, 이정환, 김혜진, 황종원
**제작관리팀** 이소현, 김소영, 김진경, 이지우, 황인우
**물류관리팀** 김형기, 김선진, 주정훈, 양문현, 채원석, 박재연, 이준희, 이민운
**외부스태프 디자인** 피포엘

**펴낸곳** 다산북스 **출판등록** 2005년 12월 23일 제313-2005-00277호
**주소** 경기도 파주시 회동길 490 다산북스 파주사옥 3층
**전화** 02-704-1724 **팩스** 02-703-2219 **이메일** dasanbooks@dasanbooks.com
**홈페이지** www.dasanbooks.com **블로그** blog.naver.com/dasan_books
**용지** 스마일몬스터 **인쇄 및 제본** 상지사피앤비 **코팅 및 후가공** 제이오엘앤피

**ISBN** 979-11-306-6623-5 03470

다산북스(DASANBOOKS)는 독자 여러분의 책에 관한 아이디어와 원고 투고를 기쁜 마음으로 기다리고 있습니다.
책 출간을 원하는 아이디어가 있으신 분은 다산북스 홈페이지 '원고투고'란으로 간단한 개요와 취지, 연락처 등을
보내주세요. 머뭇거리지 말고 문을 두드리세요.